Cesar Millan
Die Glücksformel für den Hund

PIPER

Zu diesem Buch

Cesar Millan ist der Hundeflüsterer – das Original. In »Die Glücksformel für den Hund« teilt er nun seine jahrzehntelange Erfahrung, die er rund um die Welt gesammelt hat. Er verrät, wie man den eigenen Hund richtig versteht, Fehlverhalten korrigiert und wie man selbst zum durchsetzungsstarken Rudelführer wird. Seine praktischen, leicht umzusetzenden Tipps weisen den Weg zu einem gesunden, ausgeglichenen Hund und zu einem harmonischen Zusammenleben mit dem geliebten Vierbeiner. In zahlreichen inspirierenden Beispielen aus seinem Trainingsalltag zeigt Cesar, dass die richtige Hundeerziehung Wunder bewirken kann – und dass jeder sie erlernen kann. Mit Cesars Hilfe ermöglichen Sie Ihrem Hund ein glückliches und erfülltes Leben.

Als *Cesar Millan,* gebürtiger Mexikaner, mit 21 Jahren in die USA einwanderte, fiel er trotz mangelnder Sprachkenntnisse durch eine besondere Gabe auf: sein Talent im Umgang mit Hunden. Inzwischen ist er der berühmteste Hundetrainer Amerikas und zeigt sein Können regelmäßig im Einsatz für schwierige Hunde. Seine Reality-TV-Serien »Der Hundeflüsterer« und »Auf den Hund gekommen« begeistern weltweit das Publikum. Cesar Millans Bücher und DVDs sind internationale Bestseller.

Cesar Millan

DIE GLÜCKSFORMEL FÜR DEN HUND

98 Tipps vom Hundeflüsterer

Mit 46 Farb- und Schwarzweißfotografien

Aus dem Amerikanischen
von Anne Schmidt-Wussow

PIPER
München Berlin Zürich

Mehr über unsere Autoren und Bücher:
www.piper.de

Ungekürzte Taschenbuchausgabe
1. Auflage März 2015
4. Auflage September 2016
© Cesar Millan, Cesar's Way, Inc. 2013
Titel der amerikanischen Originalausgabe:
»Cesar Millan's Short Guide to a Happy Dog«
© der deutschsprachigen Ausgabe:
National Geographic Deutschland 2013
NG Malik Buchgesellschaft mbH, Hamburg
Gestaltung: Melissa Farris
Satz: Carsten Klein für bookwise GmbH, München
Gesetzt aus der HoeflerText
Druck und Bindung: CPI books GmbH, Ulm
Printed in Germany   ISBN 978-3-492-30626-3

INHALT

DANKSAGUNG ... 7

EINLEITUNG ... 9

KLEINE GEBRAUCHSANWEISUNG ... 15

KAPITEL 1 ... 18
Den Hund richtig verstehen

KAPITEL 2 ... 32
Cesars Naturgesetze für Hunde

KAPITEL 3 ... 50
Neun Prinzipien für einen ausgeglichenen Hund

KAPITEL 4 ... 75
Praktische Techniken für den Rudelführer

KAPITEL 5 ... 94
Verhaltensprobleme

KAPITEL 6 ... 138
Die Wahl des richtigen Hundes

KAPITEL 7 ... 165
Veränderungen im Leben meistern

KAPITEL 8 ... 182
Die Erfüllungsformel

KAPITEL 9 ... 195
Wie die Erfüllungsformel auch Ihnen hilft

ADRESSEN ... 206

BILDNACHWEIS ... 208

*Ich widme dieses Buch meinen Fans auf der ganzen Welt.
Ohne ihre Unterstützung könnte ich niemandem Tipps geben.
Daher danke ich meinen Fans für ihre Aufgeschlossenheit
und natürlich ihren Hunden, die in den letzten neun Staffeln von*
Der Hundeflüsterer *bei mir waren.*

*Ich widme dieses Buch außerdem Jahira Dar und Calvin Millan,
weil sie für mich da waren und mit mir um die Welt reisten,
damit wir weiterhin den Menschen helfen können. Ohne euch ist
mein Rudel nicht vollständig.*

Danke.

Danksagung

Ich danke Gott für meine Gabe, mit Hunden umgehen zu können. Ich danke meinem Team bei Cesar Millan Inc., im Dog Psychology Center, bei *Cesar's Way*, beim *National Geographic Channel*, Lisa Thomas und Hilary Black bei National Geographic Books und Tara King sowie der Millan Foundation für ihr anhaltendes Engagement für die Rettung, Resozialisierung und Vermittlung von Hunden. Mein besonderer Dank gilt Jon Bastian und Bob Aniello für ihre Hilfe beim Schreiben dieses Buches und Amy Briggs, die Wochenenden und Abende opferte, um meine Texte zu lektorieren.

Nach den fantastischen letzten neun Jahren freue ich mich auf die Zukunft und möchte die neuen Mitglieder meines Teams herzlich willkommen heißen: das Produktionsteam der Sendung *Leader of the Pack*, Steve LeGrice von der Zeitschrift *Cesar's Way* sowie Cheri Lucas, Evo Fisher und Eric Rovner bei William Morris Endeavor. Zuletzt möchte ich auch Pomi danken, der seine Ranch erweiterte, damit wir unsere Sendung drehen können.

—Cesar Millan

Ich danke Stacy und Ted Milner, die mich in Cesars Welt einführten, meinen ehemaligen und aktuellen Rudeln bei CMI, *Cesar's Way* und *Der Hundeflüsterer*, Che'Rae Adams und dem L. A. Writers Center für ihre Inspiration, Unterstützung und Freundschaft und meinem Rudel Shadow und Sheeba, die immer für mich da waren und mich lehrten, was es heißt, ein Anführer zu sein. Ich danke Bob Aniello und Dave Rogers für ihr Vertrauen. Und natürlich danke ich Cesar, von dem ich im Lauf der Jahre so viel gelernt habe. —JON BASTIAN

Ich danke meinen Eltern Al und Jean Aniello für ihre unermüdliche Inspiration, meiner Familie Daryle, Nick und Chris, die mich erträgt und mir erlaubt, der zu sein, der ich bin, meinen Brüdern Ron und Rick, die immer für mich da waren und mich kreativ, moralisch und spirituell anleiteten. Und Cesar, der mir beibrachte, dass wirklich alles möglich ist.

—BOB ANIELLO

Ich danke Cesar Millan und seinem Team für die Gelegenheit, an diesem Projekt mitzuarbeiten. Danke an Bob und Jon, die alles in Bewegung setzten, um den Text unter Bedingungen abzuliefern, die andere als unmöglich bezeichnen würden. Ihr seid ein echtes Dreamteam – schnell, offen für alles und immer mit neuen Vorschlägen bei der Hand, um das Buch besser zu machen. Ich danke meinem Mann Crenshaw und meiner Tochter Diana. Ich danke meinen Katzen Colonel und Nellie für ihr Schnurren und das Stupsen. Und einen großen Dank an Hoss, Ralph, Max, Bud und Lucy, die besten Hunde, die man sich wünschen kann. Ich habe ein solches Glück, dass ich mein Leben mit euch teilen durfte.

—AMY BRIGGS

Einleitung

Ich stehe auf weichem Wüstensand, meine Schuhe graben sich tief in den Boden. Der Sand bildet um meine Schuhe herum einen Wall. Es ist über 40 Grad heiß. Ich fühle mich unwohl und kann mich kaum rühren. Als ich über die Grenze nach Mexiko hinübersehe, trifft mich plötzlich die Erkenntnis: Ich lebe jetzt länger in den USA als in Mexiko. Es ist über 22 Jahre her, seit ich am 23. Dezember 1990 illegal die Grenze von Tijuana ins kalifornische San Ysidro, südlich von San Diego, überquerte. Ich war 20 Jahre alt.

Die Grenze war damals anders. Es gab weniger Mauern und weniger Grenzpatrouillen, und die Wüste erstreckte sich in meiner Erinnerung ewig. Obwohl sich so viel verändert hat, erkenne ich noch die Wüste und die Täler, durch die ich zwei Wochen lang allein wanderte, bis ich es unversehrt nach San Diego schaffte. Ich rieche immer noch die Trockenheit der Luft und spüre die Kargheit des Geländes, in dem ich mich zwischen Felsen und Büschen versteckte, um nicht erwischt zu werden. Dieses Gefühl der Einsamkeit werde ich nie wieder los, und meine Rückkehr hat die Erinnerungen daran nur verstärkt. Während ich über die

Landschaft hinwegblicke, frage ich mich: Wie habe ich das gemacht? Ich hatte damals einen einfachen Traum: in die USA zu gehen und Hundetrainer zu werden. Damals war es ein Traum, heute ist es Realität. Diese Reise schließt für mich den Kreis.

Es ist der 13. September 2012, ich bin nach San Ysidro an den Punkt der illegalen Grenzüberquerung zurückgekehrt. Aber diesmal bin ich kein einsamer, verängstigter Einwanderer mehr, ich habe mir meinen Traum erfüllt. Ich bin mit einem ganzen Kamerateam, einem Fotografen und meiner Aufnahmeleiterin Allegra Pickett hier. Ich habe die Wüste nicht zu Fuß durchquert, sondern reiste mit dem Sender *National Geographic Television*, der eine Dokumentation über mein Leben dreht, komfortabel in einem klimatisierten SUV an. Es erscheint mir surreal, und es ist mir fast peinlich, dass ein Fernsehsender meine Lebensgeschichte so interessant findet, dass er sie allen zeigen möchte.

Während die Kameras laufen, sammelt sich ein Pulk Schaulustiger und Fans. Die meisten scheinen mich beim Namen zu kennen. Manche rufen: «El Encantador de Perros!» („Der Hundebeschwörer", so heißt *Der Hundeflüsterer* in Mexiko). In den Drehpausen gehe ich zu ihnen hinüber und gebe Autogramme. Ich bin verblüfft, was für unterschiedliche Menschen sich da versammelt haben – ein Querschnitt durch die Fangemeinde der Sendung, die in über 100 Ländern ausgestrahlt wird. Eine Kanadierin erzählt, sie habe alle 167 Folgen von *Der Hundeflüsterer* gesehen. Neben einer Familie aus Seattle steht ein Mann aus Argentinien, der einige meiner hundepsychologischen Methoden bei der Erziehung seiner eigenen Kinder angewandt hat.

Als ich dort an der Grenze stehe und den Geschichten der Fans lausche, wird mir eins klar: Ich stamme aus Mexiko und bin seit 2009 Bürger der USA, doch ich gehöre zu keinem Land, das sich über Grenzen, Staatsgebiet oder Sprache definiert. Ich gehöre

Einleitung

Hier hat alles angefangen: meine Rückkehr zur Grenze in der Nähe von San Ysidro in Kalifornien, 2012.

zu einer weltweiten Gemeinschaft von Hundeliebhabern. Das ist mein Rudel. Dort gehöre ich hin – zu ihnen und ihren Hunden. Ein Rudel aus über 400 Millionen Hunden und mehr als einer Milliarde Menschen, die mit Hunden leben. Meine Rolle in dieser großen Gemeinschaft ist die eines Rudelführers.

Ich nehme dieses Privileg sehr ernst. Als Rudelführer erwartet man von mir Schutz und Anleitung. Die meisten Menschen kommen zu mir, weil sie Lösungen für ihre Hundeprobleme suchen. In den neun Staffeln von *Der Hundeflüsterer* habe ich Techniken gezeigt, um jede Art von Fehlverhalten bei allen möglichen Rassen zu korrigieren, und ich bin jedem möglichen Fehler im Umgang mit Hunden begegnet. Aber meine Rolle als Rudelführer ist für mich jetzt am wichtigsten. So wichtig, dass ich beschlossen habe, die Sendung *Der Hundeflüsterer* nach der neunten Staffel zu beenden und eine neue Sendung namens *Leader of the Pack* auf die Beine zu stellen.

Während es im *Hundeflüsterer* um Resozialisierung ging, dreht sich in *Leader of the Pack* alles um Rettung. Wir zeigen, wie Hunde aufgegeben wurden und eine zweite Chance bekommen, wie sie rehabilitiert und in eine passende Familie vermittelt werden. Für viele Hunde in der Sendung ist dies ihre letzte Chance. In meiner Rolle als Rudelführer finde ich ein neues Zuhause für diese Tiere und gebe ihren neuen Familien die richtigen Mittel an die Hand, um sich um sie zu kümmern. Jeder kann ein Rudelführer werden.

Dieses neue Ziel hat mich dazu veranlasst, das vorliegende Buch zu schreiben, damit andere auf dieselbe Weise zum Rudelführer werden können wie ich. Eigentlich arbeite ich seit 22 Jahren an diesem Buch. Es enthält mein gesamtes empirisches Wissen über Hundepsychologie und Training in leicht verständlicher Form.

Ich erkläre, wieso man Hunde als Hunde betrachten muss und nicht als Menschen. Ich beschreibe, wie Jahrtausende Evolution

EINLEITUNG

Von meinem Assistenzhund Junior habe ich viel gelernt.

und menschliches Eingreifen in den Genpool unsere vierbeinigen Gefährten geformt haben. Anschließend gehe ich auf die „Naturgesetze für Hunde" ein und wie sie sich auf Verhalten und Denkweise von Hunden auswirken. In Kapitel 3 finden Sie meine neun Kernprinzipien: einfache, intuitive Methoden für einen gesunden, glücklichen und ausgeglichenen Hund. Nach diesen Prinzipien und Techniken arbeite ich bei der Rehabilitation. Die letzten Kapitel enthalten Strategien für die Auswahl des richtigen Hundes, den Umgang mit Veränderungen und das Korrigieren häufiger Verhaltensprobleme. Dabei analysiere ich die Probleme und biete Lösungen an, sodass die Ausführungen auch später zum Nachschlagen nützlich sind.

Vor allem aber finden Sie in diesem Buch viel darüber, was ich bei meiner Arbeit mit Hunden und aus meiner eigenen Lebenserfahrung über das Verhalten von Menschen gelernt habe. In den letzten Kapiteln erzähle ich Ihnen inspirierende Geschichten – einschließlich meiner eigenen – von Menschen, deren Leben durch einen Hund für immer verändert wurde. Zum allerersten Mal erfahren Sie, was ich bei der Arbeit etwa mit der Lebensberaterin und *The Biggest Loser*-Star Jillian Michaels gelernt habe. Das Leben dieser Menschen hat sich von Grund auf geändert, als sie die Naturgesetze für Hunde, die Kernprinzipien und die Rudelführertechniken anwandten, die ich in den vielen Jahren, in denen ich Tieren und Menschen zu einem harmonischen Zusammenleben verhelfe, entwickelt habe.

Und natürlich werden Sie Hunde kennenlernen … die obsessiven, die aggressiven, die so sehr vermenschlichten, dass sie aus dem Gleichgewicht geraten, und ihre Besitzer, die das Problem erst verursachten – sie weggeben oder in Käfigen oder im Garten isolieren müssen. Ich erzähle Ihnen Geschichten über die Hunde aus meiner neuen Sendung *Leader of the Pack*. Sie werden sehen, wie meine Methoden jedem einzelnen dabei halfen, sein Gleichgewicht und ein neues, liebevolles Zuhause zu finden.

Am Ende dieses Buches werden wir gemeinsam Wesen und Verstand des Hundes erkundet haben. Sie werden wissen, wie ein Hund denkt und wie unsere Energie sein Verhalten beeinflusst. Vor allem aber werden Sie gelernt haben, wie Sie Ihrem treuen Freund ein guter Rudelführer sind.

Und wenn ich meine Arbeit als Rudelführer gut mache, haben Sie ein besseres Verständnis dafür entwickelt, an welcher Stelle womöglich Ihr Leben aus dem Gleichgewicht geraten ist, und hoffentlich gelernt, wie Sie die Bedürfnisse Ihres eigenen Rudels besser erfüllen können.

Ich hoffe und glaube, dass Ihnen dieses Buch Einsichten bringt, die die Beziehung zu Ihrem Hund, Ihrer Familie und Ihrer Umgebung verbessern und bereichern. Willkommen im Rudel.

Kleine Gebrauchsanweisung

Bevor Sie mit dem Lesen beginnen, möchte ich Sie auf etwas hinweisen. Ich weiß, dass manche meiner Begriffe einigen Menschen unangenehm sind. Nach meiner Erfahrung betrifft das vor allem die Wörter *Dominanz* und *Kontrolle*. Das Unbehagen lässt sich wohl durch die negative Interpretation dieser Begriffe erklären. Daher möchte ich gern vorab erläutern, warum sie für mich neutral, vielleicht sogar positiv, und notwendig sind.

Ich werde oft gefragt, was ich mit diesen Begriffen meine. Offenbar haben sie vor allem in den USA eine negative Konnotation – niemand möchte unter der „Kontrolle" des Ehepartners oder Chefs stehen, und zum Konzept der „Dominanz" gehört das Überwältigen eines Gegners.

Wenn ich diese Worte benutze, fallen mir andere Assoziationen ein. Das Wort *Dominanz* stammt vom lateinischen *dominus* ab, das so viel bedeutet wie „Meister". Für mich klingt das wie das spanische *maestro*, das nichts weiter bedeutet als „Lehrer". Im Englischen und auch im Deuschen bezeichnet *maestro* oft einen Orchesterdirigenten – eine wesentlich angenehmere

Assoziation zu *Dominanz*, denn ein Dirigent bietet etwas, das auch ein dominanter Hund einem Rudel bietet: Führung.

Der zweite Begriff, der häufig missverstanden wird, lautet *Kontrolle*. In diesem Buch meine ich damit das Veranlassen, Ändern und Beenden von Handlungen durch andere. Wenn Lehrer ihren Schülern sagen, sie sollen mit einem Test beginnen oder am Ende die Stifte aus der Hand legen, dann ist das Kontrolle. In Ihrer Beziehung zu Ihrem Hund sollten Sie derjenige sein, der bestimmt, wann Dinge anfangen, sich ändern und aufhören. Wenn Ihr Hund diese Entscheidungen trifft, dann haben Sie nicht die Kontrolle – und sind damit nicht der Rudelführer.

Wenn Ihr Hund beim Gassigehen an der Leine zieht, übernehmen Sie die Kontrolle, indem Sie die Richtung ändern. Wenn er ein unerwünschtes Verhalten zeigt, beenden Sie es. Korrigieren Sie es. Bevor Sie dem Hund etwas geben, das er will – einen Spaziergang, Futter, Wasser, Zuwendung –, warten Sie, bis er das Verhalten zeigt, das Sie wünschen, und zwar ruhig und gefügig. Die Handlung, die sich ein Hund wünscht, beginnt erst, wenn Sie dies erlauben, und nie dann, wenn Ihr Hund damit anfängt.

Ich bin überzeugt, dass ein Rudelführer die Begriffe *Kontrolle* und *Dominanz* annehmen muss. Es ist wichtig, dass Sie sich an sie gewöhnen – so wie ich sie meine.

Da Menschen auf Worte mit starken negativen Assoziationen reagieren können, kann schon das Lesen eines Wortes eine emotionale Reaktion auslösen – manchmal eine defensive –, die dem Verständnis im Wege steht. Achten Sie beim Lesen dieses Buches auf Ihre Emotionen und halten Sie bei jedem Begriff inne, bei dem Sie sich unbehaglich fühlen. Unterstreichen Sie das Wort und denken Sie darüber nach, warum es diese Reaktion hervorruft.

Versuchen Sie das gleich einmal mit *Kontrolle* und *Dominanz*. Was bedeuten diese beiden Begriffe für Sie? Entstehen dabei positive oder negative Gefühle? Woran könnte das liegen? Suchen Sie für jeden Begriff, der Sie stört, Synonyme, die Ihnen angenehmer sind. Für viele Menschen ist zum Beispiel das Wort *Hitze* mit unangenehmen Emotionen verknüpft, aber *Wärme* ist positiv – die sengende Wüste im Sommer im Gegensatz zu einem behaglichen Kaminfeuer im Winter.

Für Hunde bedeuten Worte nichts. Es sind nur Tonhöhen und Lautveränderungen. Das gilt auch für die Namen, die wir ihnen geben. Hunde kommunizieren über Energie, und sie reagieren am besten auf uns, wenn wir ruhig und entschlossen sind. Um diesen Zustand zu erreichen, müssen wir zunächst unsere menschlichen Gefühle kontrollieren, vor allem diejenigen, die zu schwachen Energiezuständen wie Zweifel, Furcht oder Nervosität führen. Wenn bestimmte Begriffe diese Gefühle in Ihnen hervorrufen, sollten Sie das Negative neutralisieren, indem Sie herausfinden, warum sie diese Gefühle in Ihnen wecken, die entsprechenden Konnotationen von den Begriffen trennen und/oder sie durch neutrale Synonyme ersetzen.

Wissen hilft gegen Angst, und das Ziel dieses Buches besteht darin, Ihnen Wissen zu vermitteln. Ruhe erlangen müssen Sie jedoch selbst. Wenn Sie mit mir arbeiten und dieses Buch mit offenem Geist lesen, werden Sie lernen, diese Ruhe zu erreichen, und Sie werden instinktiv wissen, wie Sie Ihren Hund ins Gleichgewicht bringen.

Kapitel 1

Den Hund richtig verstehen

Wenn Sie mit Ihrem Hund besser zurechtkommen wollen, sollten Sie versuchen, die Welt durch seine Augen zu sehen – oder vielmehr, mit seiner Nase zu riechen. Sie müssen verstehen, was im Kopf eines Hundes vorgeht.

Haben Sie sich je gefragt, was Ihr Hund denkt, wenn er Sie ansieht? Sie geben ihm Kommandos wie »Sitz!« oder »Runter vom Sofa!«, und als ausgeglichener Hund folgt er brav. Doch was geht dabei in seinem Gehirn vor sich? Ich verrate es Ihnen. Sein Gehirn liefert dem Hund Informationen über die Welt, sagt ihm, was er damit anfangen soll, und hilft ihm herauszufinden, wie er es seinem Menschen recht machen kann.

Hunde sind von Natur aus motiviert, dem Menschen zu gefallen. Sie wissen instinktiv, dass Menschen für sie wichtig sind und dass ihnen fast jedes Bedürfnis erfüllt wird, wenn sie ihren Menschen vertrauen. Daher tun Hunde alles, um Sie zufriedenzustellen – auf diesen Impuls sind ihre Gehirne angelegt.

Hunde sind anpassungsfähig, doch der Wunsch zu gefallen ist ein zweischneidiges Schwert. Wenn Sie wollen, dass sich Ihr

Hund wie ein Kind benimmt, dann wird er das schließlich tun, selbst wenn seine Instinkte ihm das Gegenteil sagen. Einerseits macht ihr Bedürfnis nach Anerkennung Hunde zu ergebenen Haustieren und eifrigen Arbeitstieren, aber andererseits kann es sie auch in Schwierigkeiten bringen. Wenn Hunde versuchen, sich menschlichen Bedürfnissen anzupassen, die nicht ihrer Natur entsprechen, dann geraten sie aus dem Gleichgewicht.

Wenn Sie lernen, wie das Gehirn Ihres Hundes funktioniert, verstehen Sie ihn nicht nur besser, sondern können auch ein besserer Rudelführer sein und Ihrem Hund geben, was er für ein gesundes, glückliches und ausgeglichenes Leben braucht.

▸ Das Gehirn Ihres Hundes

Das Gehirn eines Hundes braucht viel Energie. Zwar macht es bei einem mittelgroßen Hund weniger als ein halbes Prozent des Körpergewichts aus, doch es beansprucht 20 Prozent des Blutes, das vom Herzen in den Kreislauf gepumpt wird. Das Gehirn interpretiert alle Informationen oder Signale, die es von den Sinnesorganen bekommt, und steuert die entsprechenden Handlungen. Die Reaktion des Hundes auf diese Signale wird durch die genetisch festgelegte Struktur seines Gehirns bestimmt. Das bedeutet jedoch nicht, dass Hunde auf dieselben Reize immer in derselben Weise reagieren.

Die Anatomie des Hundehirns ähnelt der der meisten anderen Säugetiere. Das Großhirn kontrolliert Lernen, Emotionen und Verhalten, das Kleinhirn steuert die Muskeln, und der Hirnstamm ist verantwortlich für das periphere Nervensystem. Ein weiteres Netzwerk im Gehirn, das sogenannte limbische System,

Anatomie eines Hundehirns

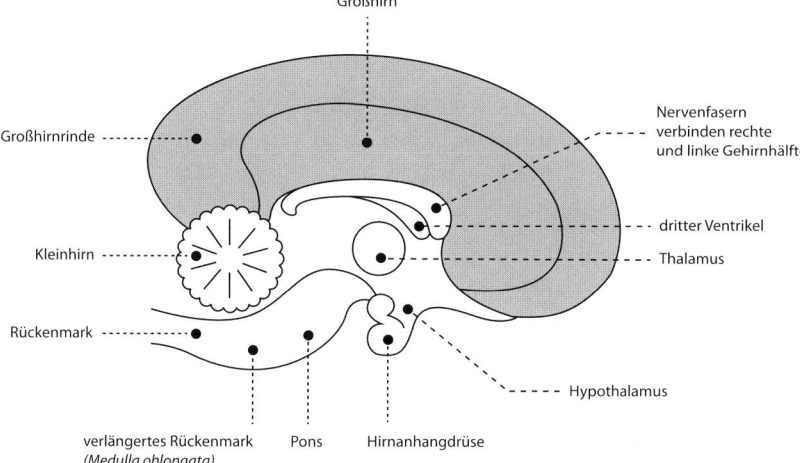

ist offenbar für die Erinnerungen zuständig. Ein Hund begreift die Beziehung zwischen sich selbst und seiner Umwelt über das limbische System, das eng mit seinen Sinnen verknüpft ist, also mit Riechen, Hören, Sehen, Tasten und Schmecken.

▶ Instinkt und Training

Manchmal besteht ein Konflikt zwischen dem, was ein Hund instinktiv will, und dem, was wir von ihm verlangen. Dieses Tauziehen findet im limbischen System statt.

Die Mehrheit der Trainingsmethoden zielt vor allem darauf ab, das limbische System auszutricksen, entweder durch Belohnungen, wenn der Hund uns gehorcht und seine Instinkte ignoriert, oder durch Bestrafen, wenn er seinen Instinkten folgt.

Die meisten modernen Trainingsprogramme basieren auf einem dieser beiden Ansätze. Bei meiner Arbeit mit Hunden verwende ich beide und empfehle immer, die Methoden einzusetzen, die sich für Sie und Ihren Hund am besten eignen. Ich entwickle mein Trainingsprogramm lieber speziell für den Hund, als nach einer bestimmten Methode oder Formel vorzugehen.

Beim Training geht es um das Anwenden von Techniken. In meinen Kursen am Dog Psychology Center (DPC) behandle ich die meisten Techniken, die bei Hundetrainern heute Standard sind, wie das Klickertraining und die positive Verstärkung. Ich höre oft, dass ich im Training keine Klickertechniken verwende, aber wenn ich in den Sitzungen ein »Tsch!« von mir gebe, ist das im Prinzip dasselbe: Ich verknüpfe einen Laut mit einem erwünschten Verhalten. Manchmal setze ich auch Leckerchen ein, um ängstliche Hunde in einen entspannten Zustand zu bringen.

In den Trainingskursen am DPC höre ich Trainer oft untereinander diskutieren, welche Technik sich für eine bestimmte Situation am besten eignet. Wenn ich nach meiner Meinung gefragt werde, zitiere ich immer die Grundlagen: Überlege, was dieser Hund braucht, lenke seine Verhaltenstendenzen in die gewünschte Richtung und sei ein klarer, verlässlicher Rudelführer.

Es ist unerheblich, ob man Belohnungen, einen Klicker oder disziplinarische Maßnahmen benutzt, um ein erwünschtes Verhalten hervorzurufen, solange dieses Verhalten natürlich ist.

▸ Mit Instinkten arbeiten, nicht dagegen

Viele Probleme mit Hunden rühren daher, dass der Mensch die natürlichen Instinkte seines Tieres unterdrückt. Das Geheimnis eines erfolgreichen Hundetrainings liegt darin, die natürliche

Energie und die Instinkte des Hundes in ein Verhalten umzuleiten, das für Mensch und Hund positiv ist. „Umleiten statt unterdrücken" lautet eine meiner Grundregeln. Ich versuche immer, die besonderen Fähigkeiten einer Rasse zu fördern und natürliche Tendenzen der Hunde zu berücksichtigen.

Oft rufen mich Besitzer von Schnauzern an und beschweren sich, dass ihr Hund dauernd im Garten buddelt. Schnauzer tragen ihren Namen nicht von ungefähr. Sie wurden darauf gezüchtet, Ratten und andere Schädlinge in Scheunen und Häusern zu jagen, und haben einen stark ausgeprägten Geruchssinn. Sie folgen also nur ihren Rasseinstinkten. Statt diese zu unterdrücken, sollte man einen Bereich im Garten festlegen, in dem der Hund nach Herzenslust wühlen darf. Das Buddeln hält ihn fit, und er kann dabei überschüssige Energie abbauen. So mit den Instinkten des Hundes zu arbeiten, ist wohl die einfachste Lösung.

Am DPC gibt es spezielle Bereiche, in denen Hunde ihre natürlichen Instinkte ausleben können. Wir haben einen Swimmingpool für Wasserhunde und Retriever und eine Schafherde für Rassen, denen das Hüten in den Genen liegt.

Ich erinnere mich noch gut an eine Hündin namens Ginger, die uns vom Tierschutzverein gebracht wurde. Ginger war so nervös und leicht erregbar, dass ihr Besitzer sie aufgegeben hatte. Ich sah sofort, dass sie voller Angst war. Ich brachte sie also zur Schafherde, und noch nie habe ich gesehen, dass ein Hund so schnell wie ausgewechselt war. Nach zehn Minuten hatte Ginger die Schafe im Griff. Als ihre instinktiven Bedürfnisse befriedigt waren, entspannte sie sich und war nun ruhig und gehorsam. Wir setzen Ginger immer noch im DPC ein, wenn wir einem Fernsehteam einen Hütehund bei der Arbeit zeigen wollen. Ginger bringt die Herde schneller zusammen als jeder andere Hund, den ich kenne.

Janna Duncan, die unsere Hütekurse am DPC leitet, sagt: «Viele Rassen haben den Instinkt, eine Herde zusammenzutreiben. Wenn sie ‚arbeiten', spüren sie, dass sie eine Aufgabe im Leben haben. Sie arbeiten zu lassen, stärkt ihr Selbstbewusstsein und lindert Angst und Aggression.» Einmal sah ich, wie Janna einen fünf Monate alten Welpen zu den Schafen setzte. Die Kleine sollte „ihre Instinkte finden". Innerhalb von Minuten versuchte die kleine Luna instinktiv, die Schafe zusammenzuhalten und sie in Bewegung zu setzen. Nach der Demonstration lief Luna stolz zu ihrer Familie zurück und saß ruhig und gehorsam zu ihren Füßen. Auftrag ausgeführt!

▶ Unterdrückte Instinkte bei Hütehunden

- **Instinktive Tendenz:** Zusammentreiben
- **Energiezustand:** angsterfüllt, instabil
- **Verhaltensproblem:** Neigung, andere Haustiere oder sogar Menschen zusammenzutreiben; ständiges Schnappen nach den Fersen und Anspringen
- **Lösung:** Energie umleiten in Flyball-, Frisbee- oder Agility-Training
- **Am häufigsten betroffene Rassen:** Corgis, Schäferhunde, Malinois, Border Collies, Briards, Deutsche Schäferhunde und andere Hütehunde, Västgötaspets

In bestimmten Fällen ist es ratsam, die rassespezifischen Merkmale nicht zu fördern. Bei kräftigen Rassen wie Rottweilern und Pitbulls möchte man das Verhalten, auf das die Hunde ursprünglich gezüchtet wurden, etwa Jagen oder Bewachen, nicht noch unterstützen. In diesen Fällen sollten entsprechende Tendenzen kreativ umgelenkt werden. Mit Junior spiele ich zum Beispiel gern Tauziehen. Juniors Instinkt ist das Jagen. Mit dem Tauziehen leite ich seine Energie um in ein Spiel um Kontrolle.

Das Unterdrücken natürlicher, instinktiver Verhaltensweisen kann zu ernsten Verhaltensproblemen führen. Wie Ginger werden Hunde oft verhaltensauffällig, wenn sich Menschen über ihre Instinkte hinwegsetzen. Aus verschiedenen Gründen sind manche Hundebesitzer nicht in der Lage, ihre Hütehunde Schafe zusammentreiben, ihre Wasserhunde schwimmen oder ihre Wühlhunde buddeln zu lassen. In diesen Fällen akzeptiert man am besten, dass die Hunde überschüssige Energie aufbauen, die abgeleitet werden muss. Durch mehr Bewegung wird die Energie verbrannt, die Sinne werden beansprucht, und das unerwünschte Verhalten nimmt ab.

▶ Woran sich ein Hund erinnert

Wichtig ist zu wissen, wie das Gedächtnis eines Hundes funktioniert. Die Fähigkeit von Hunden, ganz für den Moment zu leben, macht sie erst trainierbar. In meinen über 20 Jahren als Hundetrainer habe ich mit Tausenden von Hunden gearbeitet, und ich traf nur wenige Hunde, denen ich nicht helfen konnte.

Es ist kaum wissenschaftlich erforscht, wie Hunde Zeit wahrnehmen und sich an Ereignisse erinnern. Gedächtnis und Zeitwahrnehmung funktionieren bei Hunden anders als bei Menschen. Nach meiner Erfahrung können Hunde nicht mental in der Zeit zurück oder in die Zukunft reisen wie wir. Bestimmte Erinnerungen aufrufen und zukünftige Ereignisse vorhersehen zu können, erscheint wie ein Segen, doch ohne diese menschlichen Fähigkeiten gäbe es auch keine Sorge, Furcht, Schuld oder Reue.

Viele Hundebesitzer sind skeptisch, wenn ich ihnen sage, dass Hunde rein in der Gegenwart leben und dass ihre Gedächtnisspanne nur etwa 20 Sekunden beträgt. Sie wenden ein, dass ihr Hund doch auch einen geworfenen Ball apportieren und ihn zu ihren Füßen ablegen kann. Hunde erinnern sich in der Tat daran, was sie tun müssen. Doch dies läuft nicht über ihr Gehirn.

Hunde haben gelernt, auf Kommandos zu reagieren und Menschen zufriedenzustellen. Daher können sie wissen, wie sie auf das Kommando «Hol» reagieren müssen, ohne sich dabei aber an die Situation zu erinnern, in der sie es gelernt haben. Sie erinnern sich vielleicht noch in allen Einzelheiten an den Frühlingstag, an dem Sie Ihrem Hund das Apportieren beigebracht haben, er jedoch nicht. Zumindest nicht auf dieselbe Weise wie Sie.

Ein Hund erinnert sich an Menschen und Orte anhand von Assoziationen, die mit diesen verknüpft sind. Ein assoziatives Gedächtnis kann sich positiv und negativ auswirken. Wenn auf eine Autofahrt einmal ein traumatischer Besuch beim Tierarzt folgte, kann ein Hund auf alle Autofahrten mit Angst reagieren, bis die negative Assoziation durch etwas Positives ersetzt wird, etwa einen Besuch auf dem Hundeplatz. Je stärker die Verknüpfung, desto schwieriger ist es, sie zu ersetzen.

Wenn ich mit traumatisierten Hunden arbeite, muss ich also zunächst ihre negativen Assoziationen erkennen. Es braucht Zeit und Geduld, um neue Verknüpfungen herzustellen. Ich habe schon mit zahlreichen Militärhunden gearbeitet, die aus Kriegsgebieten zurückkehrten. Viele von ihnen brauchen eine gründliche „Umprogrammierung", bevor sie in eine neue Familie kommen können. Diese Hunde wissen nicht, ob sie sich gerade

Gavin überwand seine Furcht vor lauten Geräuschen, indem er wieder zum Hund wurde.

in einem Kriegsgebiet befinden oder nicht. Sie sind immer im Einsatz und haben viele negative Assoziationen, meist im Zusammenhang mit lauten Geräuschen. Besondere Schwierigkeiten haben sie mit Feuerwerk.

Ich habe einmal mit einem Militärhund namens Gavin gearbeitet, einem zehnjährigen gelben Labrador, der seinen Dienst im Amt für Alkohol, Tabak, Schusswaffen und Sprengstoffe (ATF) beendet hatte. Gavin hatte zwei Jahre im Irak verbracht und dort eine schwere Abneigung gegen Lärm entwickelt. Bei seiner Rückkehr in die USA wurde er panisch, wenn es donnerte oder er ein Feuerwerk hörte. Die Störung wurde immer schlimmer, bis er auch vor hohen Geräuschen wie Rauchmeldern und Kindergeschrei Angst hatte.

Bei unserem ersten Zusammentreffen erstarrte Gavin, als er auf meine Meute traf. Im Zuge seiner militärischen Ausbildung hatte er sich so sehr daran gewöhnt, Teil eines Menschenrudels zu sein, dass er vergessen hatte, wie man mit anderen Hunden umgeht. Er war wie ein Roboter, dem alles abtrainiert worden war, was einen Hund ausmacht.

Ich arbeite mit solchen Hunden, indem ich sie etwas tun lasse, das ihrer Rasse im Blut liegt, aber nicht zu ihrem Alltag gehört. In Gavins Fall war es das Schwimmen. Zuerst war Gavin zögerlich, aber nach einigen Versuchen gefiel es ihm im Wasser richtig gut. Er erlangte sein Selbstvertrauen zurück und damit auch seine natürlichen Hundeinstinkte. Als Gavin erst einmal wieder er selbst war, konnte man ihn auch trainieren. Statt auf laute Geräusche mit Angst und Misstrauen zu reagieren, wie er es beim Militär gelernt hatte, brachte ich ihm bei, sich bei einem lauten Geräusch hinzulegen. Mit der Zeit lernte er so, bei Lärm entspannter zu bleiben. Als Gavin schließlich von seinem Hundeführer beim ATF aufgenommen wurde, hatte er keine Angst mehr vor Lärm.

▸ Das Gehirn des Hundes früh und oft fordern

Oft werde ich von Hundebesitzern gefragt, was sie für die Intelligenz ihrer Tiere tun können. Im Supermarkt gibt es Hundefutter, das angeblich die Intelligenz fördert. Ich weiß nicht, ob sich Intelligenz über die Ernährung beeinflussen lässt, und da es keinen IQ-Test für Hunde gibt, kann man das wohl weder beweisen noch widerlegen. Ganz sicher führt aber die Stimulierung eines Hundes in frühester Welpenzeit zur Ausprägung eines leistungsstärkeren, ausgeglicheneren Gehirns.

Das Gehirn eines Welpen saugt alle Gerüche, Anblicke und Erfahrungen auf wie ein Schwamm. Ein gut stimulierter Welpe entwickelt ein größeres Gehirn. Wenn er regelmäßig laute Geräusche hört, sich viel bewegt, neue Hunde und Menschen kennenlernt, unbekannte Orte entdeckt und vielleicht täglich einige Minuten Agility-Training absolviert, stärkt das sein Gehirn. Wir können also die Gehirnentwicklung eines Welpen beeinflussen, indem wir ihm von Geburt an eine optimale Umgebung bieten.

Dagegen hat ein Hund, dem es an Stimulation fehlt oder der keinen Umgang mit anderen Hunden oder Menschen pflegt, meist ein kleineres Gehirn, und er ist weniger ausgeglichen. Ich habe oft erlebt, dass ein ungenügend stimulierter Hund nicht nur unglücklich, sondern auch dumpf, ja fast leblos wirkte.

Allerdings ist zu viel des Guten auch schädlich. Manchmal führt die Überstimulation eines Hundes zu Verhaltensproblemen und Aggressionen. Wenn ein Hund beim Betreten eines Raumes oder beim Zugehen auf einen anderen Hund die Zunge heraushängen lässt, nach Luft schnappt und dabei an der Leine zieht oder bellt, sind das Anzeichen dafür, dass er überreizt ist. Viele Hundebesitzer deuten das irrtümlich als Zeichen für einen „glücklichen" Hund, aber in Wirklichkeit haben sich solche Tiere schlicht nicht unter Kontrolle. Wenn Sie diese Anzeichen bei Ihrem Hund bemerken, gehen Sie ruhig und bedachtsam mit ihm um und entfernen Sie ihn am besten von der Quelle der Überstimulation, bis er sich beruhigt hat.

Praktische Techniken:
So stimulieren Sie das Gehirn des Hundes

Ihren Hund mental zu fördern und ihn häufig neuen Erfahrungen auszusetzen, ist genauso wichtig wie Gassigehen und ausreichend Bewegung. Gelangweilte Hunde entwickeln destruktive Verhaltensweisen und lassen ihre negative Energie beispielsweise an den Möbeln aus. So können Sie Ihren Hund stimulieren:

1. Bringen Sie ihm einen neuen Trick bei. Bei jedem Training stellen Sie ihn vor eine mentale Herausforderung. Suchen Sie nach neuen Tricks zum Lernen und Üben. Wenn er die einfachen Kommandos wie «Sitz!», «Bleib!» und «Komm!» bereits beherrscht, verbinden Sie beispielsweise mehrere Kommandos miteinander, etwa «Hol und sitz!».

2. Spielen Sie mit ihm oder geben Sie ihm interaktives Spielzeug. Ich verwende gern Intelligenzspielzeug, in dem sich Leckerchen verstecken lassen. Der Hund muss herausfinden, wie er an das Gewünschte herankommt. Alternativ können Sie auch einfach ein Leckerchen in Ihrer Hand verbergen und den Hund herausfinden lassen, in welcher es steckt. Dank seines hervorragenden Geruchssinns wird er keine Mühe damit haben, die richtige Hand zu bestimmen.

3. Variieren Sie den Spaziergang. Gehen Sie andere Straßen entlang oder besuchen Sie einen fremden Park.

4. Geben Sie Ihrem Hund eine Aufgabe. Hunde sind darauf gezüchtet, Aufgaben wie Jagen oder Hüten zu erfüllen.

Spielen Sie Frisbee mit ihm oder betreiben Sie mit ihm einen Hundesport wie Agility oder Flyball. Suchen Sie Aufgaben, die der Rasse Ihres Hundes entsprechen.

5. Sorgen Sie für ausreichende Sozialkontakte. Hunde sind soziale Tiere, und Sie sollten darauf eingehen, indem Sie Spieltreffen mit Artgenossen organisieren.

▸ Die Welt auf Hundeart sehen

Die meisten glücklichen, ausgeglichenen Hunde, die ich kenne, haben Besitzer, die sie instinktiv verstehen. Sie begreifen die Welt, in der ihr Hund lebt, und helfen ihm, sich darin zurechtzufinden. Auch Sie können so ein Rudelführer werden. Deshalb ist es so wichtig zu verstehen, wie das Gehirn des Hundes funktioniert, wie es Informationen verarbeitet und wie Instinkte das Verhalten steuern können. Wenn Sie diese Informationen im Hinterkopf behalten, sind Sie gut gerüstet für die nächsten Kapitel. Die Fähigkeit, die besondere Sichtweise Ihres Hundes zu teilen, wird Ihnen dabei helfen, sich die folgenden Techniken und Prinzipien anzueignen.

KAPITEL 2

Cesars Naturgesetze für Hunde

Sehr oft fragen mich Hundebesitzer: «Was genau ist eigentlich Hundepsychologie?» Viele glauben, dass es dasselbe ist wie Menschenpsychologie, aber das stimmt nicht. In der Hundepsychologie werden keine menschlichen Emotionen und Reaktionen untersucht, sondern Verhaltensweisen des Hundes aus der Hundeperspektive erklärt, nicht aus der Menschenperspektive.

Um besser zu verstehen, was im Kopf eines Hundes vorgeht, müssen Sie die Grundsätze kennen, die ich die „Naturgesetze für Hunde" nenne. Wenn Sie Ihren Hund unter Kontrolle haben und sein Rudelführer sein möchten, müssen Sie verstehen, wer er ist und was er als Hund in seinem naturgegebenen Zustand braucht.

Diese Naturgesetze für Hunde ergeben sich im Wesentlichen aus der jahrtausendelangen Evolution der Wildhunde. Es sind fundamentale Wahrheiten, die man verstehen muss, um harmonisch mit Hunden zusammenleben zu können. Diese mächtigen Kräfte wirken immer noch auf das Denken und Verhalten der heutigen Hunde ein. Es sind Gesetze, die Mutter Natur aufgestellt hat. Wer sie ignoriert, arbeitet gegen die Natur, und das ist niemals ratsam. Die fünf Gesetze lauten:

1. Hunde sind Instinktwesen. Menschen handeln intellektuell, emotional und spirituell.
2. Energie ist alles.
3. Hunde sind zuallererst Tiere, dann Art, dann Rasse und dann erst Individuen.
4. Die Sinne eines Hundes bestimmen seine Realität.
5. Hunde sind Rudeltiere mit einem Anführer und Untergebenen.

Wir werden jedes Gesetz und seine Auswirkungen auf Gedächtnis, Verhalten und Intelligenz von Hunden untersuchen. Wenn Sie diese fünf Gesetze verstanden haben, können Sie die Grundprinzipien und Rudelführertechniken aus den Kapiteln 3 und 4 anwenden. Alles zusammen führt zum Ziel: einem ruhigen, gehorsamen Hund, der Sie respektiert, Ihnen vertraut und Sie liebt.

Nach meiner Erfahrung sehen Menschen nur das Ergebnis: «Warum tut mein Hund nicht, was ich ihm sage?» Manche konzentrieren sich ausschließlich auf Techniken, etwa die richtige Leinenführung. Aber ohne ein Verständnis der Naturgesetze für Hunde kommen Sie nur schwer zu einem positiven Ergebnis.

Erstes Naturgesetz für Hunde:
Hunde sind Instinktwesen. Menschen handeln intellektuell, emotional und spirituell.

Eines der häufigsten Probleme von Hundebesitzern ist die Annahme, ihr Hund sei wie sie. Wie oft tendieren wir dazu, unsere Hunde zu vermenschlichen! Wir unterhalten uns mit ihnen, als wären sie unsere Vertrauten, verkleiden sie, tragen sie auf dem Arm oder fahren sie im Kinderwagen herum. Menschen (zumindest einigen) gefällt das. Warum also nicht auch ihren Hunden? Vielen ist nicht klar, dass all dies einen Hund nicht ausfüllt, sondern nur sie selbst. Sie erfüllen sich über den Hund ihre eigenen emotionalen Bedürfnisse.

Ein weiterer häufiger Fehler besteht darin, dem Hund menschliche Emotionen zuzuschreiben. Wie oft hören wir: «Armes Hündchen, er ist traurig, weil ...», gefolgt von einer komplizierten Erklärung für das Unbehagen des Hundes, etwa: «... weil ich ihn angeschrien habe». Wir ziehen typischerweise menschliche Emotionen als Erklärung heran, wenn uns der Hund traurig oder deprimiert erscheint. Hunde haben zwar Gefühle, aber diese sind nicht so komplex wie die eines Menschen. Hunde nehmen jedoch die Emotionen der Menschen als Energie wahr, und Energie kann für Hunde entweder positiv oder negativ sein. Negative Energie deuten Hunde als Schwäche und reagieren entsprechend.

Wenn wir Probleme eines Hundes mit menschlichen Konzepten erklären, leidet die Beziehung zu unserem Hund darunter. Immer wieder übersehen wir, dass die Lösung, die wir einem Menschen vorschlagen würden, für ein Problem, das der Hund vermeintlich hat, vollkommen ungeeignet ist. Wenn etwa ein Mensch einen verängstigten oder nervösen Hund sieht, wird er zunächst versuchen, ihn zu trösten. Trost und Zuwendung können aber dazu führen, dass sich der Hund nicht etwa sicherer fühlt, sondern dass sich sein negatives Verhalten sogar noch verstärkt, weil er die Zuwendung als Belohnung wahrnimmt. So wird das Problem noch schlimmer, weil ein instabiles Verhalten verstärkt wurde.

Natürlich würde so etwas in der Tierwelt niemals passieren. Dort würde ein unsicheres Rudelmitglied von den anderen ignoriert werden. Besteht die Unsicherheit weiter oder bringt sie das Rudel sogar in Gefahr, würde das Tier verstoßen werden. Wenn ein Hund Unsicherheit bemerkt, verspürt er nahezu entgegengesetzte Instinkte zum ersten Impuls eines Menschen.

Um unsere Hunde zu verstehen, müssen wir berücksichtigen, dass sie Instinktwesen sind. Sie denken nicht wie wir, und ihre Gefühle sind nicht wie unsere. Prüfen Sie sich, ob nicht auch Sie Ihren Hund vermenschlichen und seine Instinkte missachten.

Die fünf häufigsten Anzeichen der Vermenschlichung eines Hundes

Wird ein Hund zu sehr vermenschlicht, kann dies ihn aus dem Gleichgewicht bringen und mit der Zeit zu Verhaltensproblemen führen. Es gibt viele Arten der Vermenschlichung, am häufigsten kommen folgende vor:

1. Hunde dürfen sich wie Menschen benehmen (am Tisch mitessen, mit im Bett schlafen).
2. Handlungen, Körpersprache oder Gesichtsausdrücken des Hundes werden menschliche Gefühle zugeschrieben.
3. Hunde werden in Kostüme gesteckt, die weder dem Schutz noch der Identifikation dienen.
4. Es wird erwartet, dass Hunde die menschliche Sprache verstehen und richtig deuten.
5. Auf Hundeprobleme wird mit Menschenlösungen reagiert (Trösten eines ängstlichen Hundes, lebhaftes Begrüßen eines überreizten Hundes).

Zweites Naturgesetz für Hunde:
Energie ist alles.

Oft wurde untersucht, wie sich Genetik, Zucht und Evolution auf das Verhalten von Hunden auswirken. Dagegen weiß man noch zu wenig darüber, wie sich menschliche Energie auf das Verhalten eines Hundes auswirkt. Was genau ist „Energie"? Ich nenne sie auch das „So-Sein": Ihre Energie besteht darin, wer und was Sie in diesem Augenblick sind. Hunde kommunizieren mithilfe konstanter Energie. Sie erkennen sich nicht am Namen, sondern an der Energie, die sie ausstrahlen, und an dem, was sie gemeinsam tun. Auf diese Weise erkennen sie auch Menschen.

Auch wir Menschen kommunizieren über Energie, ob bewusst oder unbewusst. An der Oberfläche kommunizieren wir über Sprache. Hunde haben jedoch keine Worte. Was in ihnen vorgeht, zeigen sie über die Stellung ihrer Ohren und Augen, über die Schwanz- oder Kopfhaltung und über ihre Bewegungen. Verstehen Menschen diese wichtigen Signale nicht, können Missverständnisse oder, noch schlimmer, Verhaltensprobleme entstehen. Obwohl wir den ganzen Tag mit Worten überzeugen, erklären und begründen, müssen wir einsehen, dass wir Energiesignale aussenden und dass diese die stärksten Botschaften an unsere Hunde sind.

Viele Menschen haben Schwierigkeiten mit dem Konzept „Energie als Kommunikation". Nach meiner Erfahrung ist dieses Naturgesetz am schwierigsten zu begreifen. Vor einigen Jahren bat man mich, einer Gruppe von Hunde-Verhaltensforschern in London zu erklären, wie Energie das Verhalten eines Hundes beeinflussen und sogar vorhersagen kann. Nach einer Stunde bemerkte ich, dass immer noch Verwirrung herrschte. «Was meinen Sie mit Energie? Wie erkenne ich die?» Die Verhaltensforscher hatten noch nicht verstanden, worauf ich hinaus wollte.

Ein Hund beobachtet unsere Körperhaltung und verschafft sich über die Sinne Informationen über seine Umgebung, vor allem über Riechen, Sehen und Hören. Hunde können dank dieser „Superkräfte" Erstaunliches erreichen, man denke nur an Blindenhunde oder Rettungshunde.

Als ich nun vor diesen klugen Wissenschaftlern saß, fragte ich sie: «Wenn ein Hund Bomben, Drogen und Vermisste aufspüren kann, liegt es dann nicht nahe, dass dieser Hund auch in der Lage ist, unsere Stimmungen, Gefühle und Energie zu entschlüsseln?»

Zwei Jahre zuvor hatte ich in einem Krebsforschungszentrum in Nordkalifornien gesehen, wie Hunde mit einer Trefferquote von 77 Prozent Lungenkrebs feststellen konnten, indem sie am Atem des Patienten schnupperten. Wenn der Geruchssinn eines Hundes derart ausgeprägt ist, könnte er dann nicht auch in der Lage sein, unseren Gemütszustand wahrzunehmen? Ich glaube, die meisten Hunde können das.

Wenn ich über Energie nachdenke, fällt mir eine der wichtigsten Erfahrungen meines Lebens ein, als ich mich auf die Instinkte und die Energie meines Hundes Daddy verließ, um eine wichtige Entscheidung für unser Rudel zu fällen.

Als mein Pitbull Daddy, meine „rechte Hand", langsam in ein biblisches Alter kam, hielt ich Ausschau nach einem neuen Rudelmitglied, das Daddy trainieren und ins Rudel integrieren sollte. Daddy hatte bei mir gelebt und mit mir gearbeitet, seit er vier Monate alt war. Dabei gewöhnte er sich an die ständige Gegenwart von anderen Hunden aller Größen. Dank dieser Gewöhnung und seiner natürlichen Ausgeglichenheit eignete er sich hervorragend für die Resozialisierungsarbeit mit anderen Hunden, vor allem mit den aggressiven. Daddys innere Ruhe war ansteckend. Ich vertraute ihm blind. Es war daher sehr wichtig für mich, einen Nachfolger für ihn auszuwählen.

Daddy und ich besuchten die Pitbullhündin eines Freundes, die gerade geworfen hatte. Ich beobachtete aufmerksam, wie die Welpen mit ihrer Mutter und miteinander umgingen.

Vor allem einer stach mir ins Auge. Ganz offensichtlich war er der Star in der Manege – kräftig, hübsch und schön gezeichnet. Ich brachte ihn zu Daddy, doch zu meiner Überraschung knurrte der ihn an. Daraufhin wählte ich einen anderen Welpen aus. Er war schneeweiß und hatte einen breiten Kopf. Daddy ignorierte ihn jedoch komplett.

Dann sah ich noch einen Welpen. Er lag direkt bei der Mutter und hatte ein herrliches stahlblaues Fell. Ich nahm ihn hoch und setzte ihn bei Daddy ab. Daddy kam heran, bis die beiden Nase an Nase standen. Dann wedelte Daddy mit dem Schwanz, drehte sich um, und zu meiner großen Überraschung folgte ihm der Welpe zum Auto, ohne noch einmal nach seiner Mutter zu sehen. Dieser Welpe war Junior. Daddy und Junior wussten, dass sie füreinander gemacht waren, und zwar nur aufgrund ihrer Instinkte und ihrer Energie.

In den folgenden Monaten und Jahren trainierte Daddy Junior. (Ich sorgte lediglich dafür, dass er stubenrein wurde, woran Daddy sich nicht beteiligen wollte.) Wie sich herausstellte, wusste Daddy, was gut für mich war. Junior hatte die ideale Energie für das Rudel und eignete sich bestens für seine Aufgabe, mich bei der Resozialisierung von Hunden zu unterstützen. Ich hatte Daddy vertraut und mich bei der Auswahl seines Nachfolgers auf seine Instinkte verlassen. Wer eine echte Beziehung zu Hunden aufbauen

Daddy lehrte Junior die Bedeutung eines schönen Nickerchens.

möchte, muss in ihrer Welt leben. Es ist eine instinktgesteuerte Welt. Man betritt sie, indem man den eigenen Instinkten vertraut.

Wissenschaftler beginnen gerade erst, die Auswirkungen von Energie auf das Verhalten zu untersuchen. Das meiste, was ich über Hunde weiß, basiert auf meiner lebenslangen Arbeit mit ihnen. Deshalb freue ich mich immer, wenn eine neue Studie zum Verhalten von Hunden veröffentlicht wird, die die Überzeugungen und Beobachtungen, die ich im Lauf meines Lebens entwickelt habe, bestätigt oder wenigstens stützt.

Im Februar 2012 veröffentlichte die Fachzeitschrift *Current Biology* Ergebnisse einer Studie am Zentrum für kognitive Entwicklung an der Central European University in Budapest (Ungarn). Sie zeigen, dass Hunde auf Blickkontakt und nonverbale Signale von Menschen ähnlich gut reagieren können wie zweijährige Kinder. In der Studie konnten die Hunde nonverbale Signale vor allem dann deuten, wenn der Mensch Blickkontakt hielt. Nicholas Dodman, der Leiter der Klinik für Tierverhalten an der Cummings-Fakultät für Veterinärmedizin der Tufts University in North Grafton (Massachusetts), fasste die Ergebnisse so zusammen: «Hunde suchen nach einem Ausdruck dafür, was der Mensch gerade denkt.» Diese Studie bestätigt, woran ich immer geglaubt habe: Hunde stellen sich mehr auf unsere Energie und unser nonverbales Verhalten ein, als wir meinen. Sie können unsere Energie besser deuten als unseren Tonfall und verstehen unsere Körpersprache besser als unsere gesprochene Sprache.

Drittes Naturgesetz für Hunde:
Hunde sind zuallererst Tiere, dann Art, dann Rasse und dann erst Individuen.

Nachdem wir das Konzept der Energie verstanden haben, können wir damit beginnen, ein größeres Bild des Hundes zusammenzusetzen. Die einzelnen Aspekte sind jedoch nicht alle gleich gewichtet – wir müssen sie in die richtige Reihenfolge bringen.

Hunde sind zunächst einmal **Tier**, dann **Art**, dann **Rasse** und zum Schluss erst **Individuum**. Menschen machen oft den Fehler, die Reihenfolge umzukehren; sie sehen ihren Hund als Individuum und erkennen nicht das Tier in ihm.

Wie Verhalten verstanden und erklärt wird

Menschenpsychologie	Name → Rasse → Art → Tier
Hundepsychologie	Tier → Art → Rasse → Name

In der Hundepsychologie ist ein Hund zuallererst ein Tier. Wenn wir zu unseren Hunden eine Beziehung aufbauen, vor allem, um ein unerwünschtes Verhalten zu korrigieren, ist es wichtig, zuerst das Tier zu sehen (Säugetier), dann die Art (Hund oder *Canis lupus familiaris*), dann die Rasse (Deutscher Schäferhund, Husky usw.) mit bestimmten Merkmalen und Fähigkeiten und zuletzt erst das Individuum (Persönlichkeit). Wer einen glücklichen, ausgeglichenen Hund will, muss diese Eigenschaften an ihm respektieren – in genau dieser Reihenfolge.

Überlegen wir einmal, warum die Reihenfolge so wichtig ist. Wenn ich an ein **Tier** denke, dann sehe ich Natur, Wildnis und Freiheit. Tiere leben in der Gegenwart, ihr Leben ist simpel. Sie kennen nur ihre unmittelbaren Bedürfnisse. Tiere handeln instinktiv, nicht intellektuell oder spirituell. Ihre Grundbedürfnisse sind Schutz, Nahrung, Wasser und Paarung. Wenn Sie also an Ihren Hund denken, dann denken Sie wie ein Hund. Die Grundbedürfnisse kommen zuerst. Sie zu befriedigen, ist die stärkste Motivation im Leben eines Hundes.

Als Nächstes folgt die **Art**. Hunde stammen von Wölfen ab. Für diese Art sind Rudelleben, Kommunikation und das Erfahren der Welt über die Sinne wichtig, außerdem müssen die Rangordnung und die Führerrolle im Rudel begriffen werden. Im Rudel hat jedes Mitglied seine Aufgabe, etwa als Beschützer, Jäger oder Sucher. Wenn Sie die instinktiven Artbedürfnisse verstehen, dann können Sie auch nachvollziehen, wie frustriert Hunde sind, wenn sie nur einige Male pro Woche ein paar Häuserblocks weit laufen dürfen. Ihre Frustration entspringt ihren Anlagen, und sie kompensieren sie mit unerwünschtem Verhalten.

An dritter Stelle kommt die **Rasse**. Als die Menschen den Hund domestiziert hatten, begannen sie, ihn nach bestimmten genetischen Merkmalen und Fähigkeiten zu züchten. Rassen sind vor allem eine menschliche Schöpfung. In meiner Formel steht die Rasse für die Merkmale, die wir genetisch verändert oder verstärkt haben, damit einige Hunde bestimmte Aufgaben besser erfüllen als andere. So sind Bluthunde unerhört gute Fährtensucher, Greyhounds fantastische Sprinter, Border Collies sehr intelligent und Deutsche Schäferhunde unschlagbar, wenn es ums Bewachen geht.

Heute sind das fast immer Aufgaben, die dem Menschen nützen, wie Hüten, Suchen und Jagen. Diese Gewichtungen können die Psyche und Energie eines Hundes beeinflussen. Zwischen den Rassen bestehen deutliche Unterschiede, was Intelligenz und Eigenschaften angeht, ebenso zwischen einzelnen Hunden einer Rasse. Auch wenn wir die Rasse gern als Begründung heranziehen, dürfen wir nicht vergessen, dass sie allein nicht erklären kann, wie Hunde sich benehmen oder wie gut sie sich trainieren lassen. Deshalb steht sie hier auch erst an dritter Stelle.

Ganz zuletzt ist Ihr Hund ein **Individuum** mit einem Namen. Namen sind eine Erfindung der Menschen, auf die zu hören wir unsere Hunde konditionieren. Mit einem Namen projizieren wir eine Persönlichkeit auf den Hund, aber eine „Persönlichkeit" im menschlichen Sinne existiert in der Hundepsychologie in keiner der Kategorien Tier, Art oder Rasse. Nur weil Sie Ihren Dobermann „Rambo" nennen, macht ihn das noch nicht aggressiv, und ein Yorkshireterrier namens „Baby" ist keineswegs automatisch fügsam und liegt den ganzen Tag herum wie ein Säugling.

Diese vier besprochenen Kategorien zu erkennen – und zwar in dieser Reihenfolge – und ihren Einfluss auf das Verhalten zu verstehen, ist von zentraler Bedeutung für einen glücklichen, ausgeglichenen Hund.

Viertes Naturgesetz für Hunde:
Die Sinne eines Hundes bestimmen seine Realität.

In Kapitel 1 haben wir untersucht, wie das Gehirn eines Hundes und seine angeborenen Instinkte seine spezielle Sicht auf die Welt formen. Wir haben gesehen, dass ein Hund die Welt ganz anders wahrnimmt als ein Mensch, seine Erfahrungen in dieser Welt unterscheiden sich also sehr von unseren. Um zu verstehen, was in einem Hund vor sich geht, müssen wir die Welt der Instinkte betreten, die von seinen Sinnen bestimmt wird.

Menschen erleben die Welt überwiegend über das Sehen – für sie ist sie leuchtend bunt. Hunde dagegen nehmen ihre Umgebung hauptsächlich über den Geruchssinn wahr und unterscheiden nur Grautöne. Wenn sich die Sinneseindrücke von Menschen und Hunden so stark voneinander unterscheiden, nehmen sie dann überhaupt dieselbe Welt wahr? Wir erleben, was wir *sehen*. Hunde erleben, was sie *riechen*. Beim Menschen ist der erste Eindruck ein optischer, und Meinungen und Sympathien entstehen auf dieser Grundlage. Hunde riechen einen Menschen, meist schon aus über 50 Meter Entfernung, und machen sich auf der Grundlage dieser Wahrnehmung ein Bild von ihm.

Hierarchie der Sinneseindrücke im Gehirn

Mensch	Hund
1. Sehen	1. Riechen
2. Tasten	2. Sehen
3. Hören	3. Hören
4. Riechen	4. Tasten

Diese grundlegenden Unterschiede zwischen den Sinnen von Hunden und Menschen erklären auch das irrationale Verhalten vieler Menschen, die einen Hund zum ersten Mal sehen: Sie gehen zu ihm hin, beugen sich zu ihm hinunter und streicheln ihn. Menschen tun das, weil der Tastsinn ihr zweitstärkster Sinn ist. Könnten Hunde sprechen, würden sie aber garantiert sagen: «Bleib mir vom Leib, du Mensch, ich kenne dich noch gar nicht.»

Einmal wurde ich um einen Kommentar zu einem Vorfall mit einer Nachrichtensprecherin aus Denver namens Kyle Dyer gebeten. Die Hundeliebhaberin hatte über die dramatische Rettung einer Argentinischen Dogge aus einem eisigen See durch die Feuerwehr berichtet. Während des Berichts hatte Kyle den Hund gestreichelt. Nach dem Interview beugte sie sich erneut zu ihm hinunter, um sich zu verabschieden. Leider biss er sie. Nach mehreren Operationen an Lippe und Nase nahm Kyle ihre Arbeit wieder auf. Aus der schmerzlichen Erfahrung hatte sie etwas über den Umgang mit unbekannten Hunden gelernt. In der Sendung *Today* gab sie zu, dass es wohl ihr Fehler gewesen war: «Vielleicht kam ich ihm zu nahe und habe ihn verunsichert.»

Dieser Fehler wird täglich tausendfach wiederholt, weil Menschen so gern alles anfassen, aber ich folge einer einfachen, respektvollen Herangehensweise, wenn ich einen Hund kennenlerne: nicht anfassen, nicht ansprechen, kein Blickkontakt. So kann der Hund in Ruhe meinen Geruch aufnehmen und mich kennenlernen, bevor er mir erlaubt, mich ihm zu nähern.

Achten Sie bei einem Erstkontakt darauf, ruhige, positive Energie auszustrahlen. Konzentrieren Sie sich auf die Menschen um Sie herum und ignorieren Sie den Hund, wenn er an ihren Beinen schnuppert. Behalten Sie Ihre Hände bei sich! Sehen Sie ihn nicht an und reden Sie nicht mit ihm. Warten Sie, bis er sich ein Bild von Ihnen gemacht hat. Wenn er alle Informationen hat, die er braucht, wird er entweder weggehen oder sich Ihnen ruhig und fügsam zuwenden.

Bevor Sie Ihre Aufmerksamkeit auf den Hund richten, bitten Sie unbedingt den Hundehalter um Erlaubnis. Jetzt können Sie den Hund ansehen und ansprechen. Wenn er herankommt, halten Sie ihm zum Beschnuppern die geschlossene Faust mit den Fingern nach oben hin. Wenn er dann keine Anzeichen von Furcht oder Aggression zeigt, können Sie ihn streicheln. Einen fremden Hund krault man übrigens am besten zuerst an der Brust oder an der Schulter, weil mancher Hund eine Berührung von oben an Kopf oder Nacken als Aggression deutet. Bis Sie ihn richtig kennen, gehen Sie lieber auf Nummer sicher.

Dieser Ansatz hilft in vielen Situationen. Sie können beispielsweise auch so vorgehen, wenn Ihr eigener Hund überreizt oder ängstlich ist. Springt er aufgeregt an Ihnen hoch und dreht sich im Kreis, wenn Sie nach Hause kommen, dann zeigt ihm diese Herangehensweise, dass Sie ein derart aufgedrehtes Verhalten nicht mit Aufmerksamkeit belohnen. Bleiben Sie konsequent und beachten Sie den Hund nicht, bis er wieder ruhig und artig ist. So können Sie den hyperaktiven Begrüßungszirkus beim Nachhausekommen minimieren oder sogar ganz unterdrücken.

Ebenso wichtig ist es, Besuchern in Ihrem Haus das Prinzip „Nicht anfassen, nicht ansprechen, kein Blickkontakt" nahezubringen. Viele Menschen sagen zwar, dass es ihnen nichts ausmacht, wenn die Hunde ihrer Freunde an ihnen hochspringen, doch in Ihrem Haus müssen Sie Ihre Regeln bestimmen und auch konsequent durchsetzen. Und so sollte es Ihrem Hund grundsätzlich nicht erlaubt sein, an Ihnen, den Familienmitgliedern oder an anderen Menschen hochzuspringen.

FÜNFTES NATURGESETZ FÜR HUNDE:
Hunde sind Rudeltiere mit einem Anführer und Untergebenen.

Um das Verhalten von Hunden zu verstehen, muss man wissen, wie sie sich über Jahrtausende zu unseren lebenslangen Begleitern entwickelt haben. Die Natur hat den Hund dazu bestimmt, sich zum besten Freund des Menschen zu entwickeln. Diesen Status erreichten die Hunde, indem sie dem Menschen nützlich waren. Weil sie uns bei der Jagd und beim Hüten von Vieh halfen und uns darüber hinaus beschützten, wurden sie zum Symbol für Wohlstand, Status und Vornehmheit und sind heute noch unser beliebtestes Haustier.

Fossilien und genetische Untersuchungen stützen die Annahme, dass die heutigen Hunde aus einer Unterart des Wolfs hervorgingen, die vor rund 20 000 Jahren im Nahen Osten lebte. Der Haushund besitzt 78 Chromosomen, genau wie der Wolf. Die ersten domestizierten Hunde stammten wahrscheinlich von mehreren Unterarten des Wolfs ab. Im Lauf der Zeit paarte man diese Tiere mit verschiedenen Unterarten wilder Wölfe und wilder Wolf-Hund-Mischlingen, was ihren Genpool erweiterte und zu der großen genetischen Vielfalt des heutigen Hundes führte.

Der heutige Hund sieht seinem Urahnen nicht mehr ähnlich. Dank menschlicher Zuchtbestrebungen haben Hunde heute kleinere Zähne und kürzere Kiefer als Wölfe und können deshalb weniger gut Beute fangen und töten. Die soziale Ordnung eines Wolfsrudels dagegen liegt ihnen immer noch im Blut.

In einem Wolfsrudel arbeiten alle Tiere auf dasselbe Ziel hin. Damit die Gruppe optimal funktioniert, haben sich im Rudel schon immer unterschiedliche Persönlichkeiten entwickelt. Diese

DIE GLÜCKSFORMEL FÜR DEN HUND

Entfernte Verwandte: Ein Wolf und ein Malteser posieren für ein Foto.

Rudelmentalität gibt es nicht nur bei Wölfen und Hunden. Auch bei Menschen finden sich ähnliche soziale Strukturen, etwa die Rollenverteilung und das kooperative Lösen von Problemen. Es ist wichtig, dass Sie zu Hause die Rolle des Rudelführers übernehmen und ruhige, positive Energie ausstrahlen. Wenn es keinen Rudelführer gibt, wird es nicht lange dauern, bis Ihr Hund oder jemand anderes diese Rolle übernimmt.

Eines Nachmittags leitete ich am DPC gerade einen Kurs zum Thema Rudelführer, als mir eine Frau mit einem Jack Russell Terrier auffiel. Ihr Hund war außer Rand und Band und versuchte, alles zu jagen, was sich bewegte. Die arme Frau war so damit beschäftigt, ihn unter Kontrolle zu halten, dass sie gar nicht zuhören konnte. Ich rief sie und ihren Hund nach vorn. Mithilfe einer Schildkröte demonstrierte ich dann den Kursteilnehmern, was ich mit Rudelverhalten meinte. Der Hund versuchte zunächst, die Schildkröte anzugreifen. Er stürzte sich immer wieder auf das arme Tier, das nur versuchte, möglichst weit von diesem aggressiven Hund wegzukommen. Dann band ich seine Leine um die Schildkröte, und diese begann, den Hund mitzuziehen. Nun geschah etwas Erstaunliches: Der Hund folgte der Schildkröte, und ihre langsame, bedächtige Energie schien sich auf ihn zu übertragen. Er wurde ruhiger und regte sich ab. So konnte ich Folgendes demonstrieren: Gibt es keinen starken Rudelführer, übernehmen entweder die Hunde selbst diese Rolle oder erkennen andere Tiere oder Menschen als Rudelführer an.

Im Rudel gibt es Rollen und eine Rangordnung. Wenn Hunde aus dem Gleichgewicht geraten, liegt es meist daran, dass der Mensch versehentlich die natürliche Rangordnung im Rudel ändert, indem er beispielsweise versucht, aus einem wenig ehrgeizigen, unbekümmerten Hund, der mit einer Position im Hintergrund völlig zufrieden ist, einen Rudelführer oder einen Wachhund zu machen oder ihm eine andere Rolle zuzuweisen, für die der Hund nicht geeignet ist. Wie oft haben Sie schon die Klage gehört: «Ein Fremder müsste schon über meinen Hund stolpern, bevor der mal was merkt und bellt»? Diese Menschen erkennen nicht, dass die Rolle ihres Hundes nicht die eines Beschützers ist und dass sie deshalb unfairerweise gegen seine Instinkte und die natürliche Rangordnung angehen. Es ist wichtig, seinen Hund und seine Position im Rudel zu kennen.

Die Naturgesetze für Hunde bilden die Grundlage für das Leben mit einem glücklichen Hund. Beachten Sie die Instinkte und Energie, respektieren Sie seine Sinne und sein Bedürfnis, in einem Rudel zu leben. Wenn Sie diese fünf simplen Gesetze anerkennen und umsetzen, haben Sie die richtige Einstellung, um Ihren Hund als das wunderbare Lebewesen zu sehen, das er ist.

KAPITEL 3

Neun Prinzipien für einen ausgeglichenen Hund

Das Leben mit Hund ist beglückender für alle, wenn Ihr Vierbeiner wirklich Hund sein darf und Sie seine besondere Perspektive berücksichtigen. Sie wissen jetzt, wie unterschiedlich Menschen und Hunde die Welt wahrnehmen. Mit diesem Wissen können Sie nun Ihre Position als Rudelführer einnehmen.

Basierend auf den Naturgesetzen für Hunde habe ich neun wichtige Kernprinzipien entwickelt. Diese Lektionen bilden meine Geheimwaffe, mit der jeder Rudelführer ein Gleichgewicht erschaffen kann – ganz egal, ob er seit Jahren Hundebesitzer ist oder sich gerade erst einen Vierbeiner zugelegt hat. Jeder Hundebesitzer muss sich vergegenwärtigen, dass ein Hund nur dann ausgeglichen ist, wenn er in der Gemeinschaft mit dem Menschen so leben kann, wie er es in der Wildnis täte: Er kennt seinen Platz im Rudel, weiß, was von ihm erwartet wird, und strahlt eine ruhige, gefügige Energie aus. Er folgt dem Rudelführer und verhält sich korrekt. Um dies zu erreichen, sollten Sie meine neun Kernprinzipien beachten und umsetzen. Damit bieten Sie Ihrem Hund die Chance auf ein ausgeglichenes Leben.

Wenn es Ihnen gelingt, Ihren Hund ins Gleichgewicht zu bringen, verändert das die Beziehung zwischen Ihnen und Ihrem Hund grundlegend. Sie werden instinktiv kommunizieren und die Bedürfnisse des anderen verstehen. Sie und Ihr Hund werden auf eine viel tiefere, lohnendere Weise aufeinander eingestimmt sein, und Sie werden erfahren, welche Vorteile Ihnen ruhige, entschlossene Energie auch in anderen Lebensbereichen bringt.

Kernprinzip 1:
Seien Sie sich Ihrer Energie bewusst.

In Kapitel 2 haben wir gelernt, dass Energie alles ist. Menschen und Tiere stellen sich über ihre Energie nach außen dar, was sich in Körpersprache, Gesichtsausdruck und Blickkontakt (oder dessen Fehlen) zeigt. Bei Menschen spielt die Energie in der Kommunikation eine untergeordnete Rolle, Hunde dagegen kommunizieren hauptsächlich über sie. Ein Hund kann seine Dominanz über einen anderen geltend machen, indem er sich diesem ruhig und entschlossen nähert und seinen Platz beansprucht. Hunde sagen nicht «Entschuldigung», «bitte» oder «danke». Wenn sie ruhige, entschlossene Energie ausstrahlen, brauchen sie das nicht.

Menschen dagegen verlassen sich auf gesprochene oder geschriebene Worte. Weil wir sprechen können, verlieren wir schnell den Bezug zur eigenen Energie und haben keine Vorstellung davon, was wir der Welt durch sie mitteilen. Trotz unserer Abhängigkeit von der Sprache reagieren wir aber bewusst oder unbewusst auf die Energie unseres Gegenübers, und das beeinflusst unsere Botschaft. Haben Sie je einen ausdruckslosen, monotonen Redner gehört? Selbst mit bewegenden, wohlgesetzten

Worten langweilt er seine Zuhörer bald zu Tode. Dagegen kann eine selbstbewusst und leidenschaftlich vorgetragene Rede eine Gruppe von Menschen auch von der dümmsten Idee überzeugen. Warum? Weil auch hier die Energie des Sprechers die Zuhörer beeinflusst, ob sie sich dessen bewusst sind oder nicht.

Viele Hundebesitzer wissen oft gar nicht, dass sie nervöse oder schwache Energie ausstrahlen, bis ich sie darauf hinweise. Sie haben keinen Zugang zu ihrer eigenen Energie und können sich deshalb auch nicht vorstellen, warum ihr Hund so auf sie reagiert. Da Hunde hauptsächlich über Energie kommunizieren, können sie Menschen sofort einschätzen. Bestimmt ist Ihnen schon einmal aufgefallen, dass es „Hundemenschen" gibt und solche, die von Hunden gemieden werden. Hunde fühlen sich zu ruhiger, entschlossener Energie hingezogen und versuchen stets, schwache, nervöse oder unausgeglichene Energie zu meiden.

Um als Rudelführer – und im Alltag – erfolgreich zu sein, müssen Sie auf Ihre Energie achten und lernen, sie zu kontrollieren, wenn Sie sich einmal nicht ruhig und entschlossen fühlen. Konzentrieren Sie sich darauf, wie es Ihnen gerade emotional geht, und achten Sie auf Ihre Körperhaltung. Normalerweise verrät unsere Körpersprache unseren Gefühlszustand. Wenn Sie nervös oder aufgeregt sind, ist Ihr Körper wahrscheinlich angespannt. Wenn Sie sich unsicher fühlen, sitzen oder stehen Sie meist gebeugt da.

Die Körpersprache kann unseren Gefühlszustand beeinflussen, und wenn Sie sich Ihre Körperhaltung immer wieder bewusst machen, ist das schon ein großer Schritt in Richtung ruhige, entschlossene Energie. Stehen Sie gerade, mit erhobenem Kopf, beide Füße fest auf dem Boden, die Schultern zurück und die Brust herausgedrückt. Verschränken Sie nicht die Arme und stecken Sie die Hände nicht in die Taschen. Atmen Sie tief ein und langsam wieder aus. Stehen Sie einige Minuten so da, konzentrieren Sie sich auf die Atmung und schließen Sie, wenn Sie können, die Augen. Konzentrieren Sie sich auf Gerüche und Geräusche. Gewöhnlich werden Sie so von selbst ruhiger. Merken Sie sich das Gefühl und die Körpersprache und üben Sie, auf Kommando in diesen Zustand überzugehen.

Wenn ein Hund in der Natur erregte oder unausgeglichene Energie ausstrahlt, deutet das Rudel das als Warnung vor unmittelbarer Gefahr. Es ist erstaunlich, wie schnell ein schlafendes Rudel Hunde aufspringt und auf höchste Wachsamkeit schaltet, wenn ein Hund bellt, und genauso verblüffend ist es, wie schnell sich alle wieder beruhigen, wenn der Rudelführer beschließt, dass keine Gefahr droht, und wieder ruhig und entschlossen wirkt. Sie sehen daran, wie wichtig es ist, beim Umgang mit dem Hund keine instabile Energie auszustrahlen. Wenn Sie das tun, senden Sie die Botschaft aus, dass etwas nicht stimmt. Vielleicht ahnen Sie gar nicht, welche Botschaften Sie Ihrem Hund vermitteln. Deshalb ist es so wichtig, sich der eigenen Energie bewusst zu werden und sie zu kontrollieren. Erst wenn Sie sich selbst unter Kontrolle haben, wird Ihnen das auch mit Ihrem Hund gelingen.

KERNPRINZIP 2:
Leben Sie in der Gegenwart.

Anders als Tiere verlieren sich Menschen häufig in Tagträumen. Während Sie dieses Buch lesen, haben Sie vielleicht daran gedacht, was Sie gefrühstückt haben oder dass Sie noch einkaufen müssen – und wenn Sie nicht aufpassen, müssen Sie den restlichen Absatz nochmals lesen, weil Sie gerade in Gedanken waren.

Ich weiß nicht, ob es einen evolutionären Vorteil für die menschliche Neigung gibt, gleichzeitig in Vergangenheit, Gegenwart und Zukunft zu leben, aber es liegt wohl an unserer hoch entwickelten Sprache, wenn wir Erinnerungen nachhängen, vom Urlaub träumen oder im Geist die Rede proben, mit der wir den Chef von einer Gehaltserhöhung überzeugen wollen.

Ich will damit nicht sagen, dass Tiere keinen Zugang zur Vergangenheit oder Zukunft haben. Ein Hund, der einmal Zwiebeln gefressen hat und dem davon schlecht wurde, ergreift schon beim Geruch von Zwiebeln die Flucht. Wenn ein Eichhörnchen Nüsse versteckt, weiß es, dass sie für später sind, aber es denkt nicht bewusst: «Das ist mein Essen für nächsten Dienstag.»

In beiden Fällen beeinflussen Vergangenheit und Zukunft nur in geringem Umfang, was im Augenblick geschieht. Nach der Erfahrung mit der Zwiebel setzt beim Hund keine Gedankenkette wie diese ein: «Ich rieche Zwiebeln. Oh, ich weiß noch, wie schlecht es mir ging, als ich einmal Zwiebeln gefressen habe. Ich laufe lieber weg.» Die Reaktion ist vielmehr instinktiv und unmittelbar. Die Erfahrung mit der Zwiebel hinterließ einen so starken Eindruck, dass der Reiz nun ohne logische Verknüpfung dahinter einen Fluchtreflex auslöst. Der Hund denkt auch nicht: «Ich hoffe, dass mir heute keine Zwiebeln begegnen.» Er denkt überhaupt nicht an Zwiebeln, bis sie wieder im Hier und Jetzt auftauchen.

Wir vergessen oft, dass Hunde im Augenblick leben, und das kann sich störend auf die Resozialisierung und das Training auswirken. Hunde, die ein Bein verloren haben oder nicht mehr hören oder sehen können, beklagen sich nicht über den Verlust ihrer

Fähigkeiten. Sie setzen die ein, die sie noch haben, und vergeuden keine Zeit mit Selbstmitleid. Weil wir Menschen so besessen sind von der Vergangenheit, durchleben wir die traumatischen Erlebnisse des Hundes noch einmal und überschütten ihn mit Mitgefühl und Zuneigung, die in seinen Augen unverdient sind.

Hunde hegen keinen Groll gegen Vergangenes und sinnen auch nicht darüber nach. Selbst wenn sich zwei Hunde nicht vertragen und ständig aufeinander losgehen, löst die Erinnerung an einen vergangenen Vorfall keinen neuen Kampf aus. Auslöser ist vielmehr der Anblick des anderen Hundes, doch selbst dann kämpfen die Hunde oft erst, wenn einer von ihnen das Verhalten des anderen als aggressiv einstuft. Nach dem Kampf sind sie nicht böse aufeinander und hegen keine Rachepläne. Beim Menschen dagegen kann eine einzige Beleidigung (echt oder eingebildet) zu jahrelanger Feindschaft und Groll führen.

Ihre natürliche Tendenz, im Augenblick zu leben, ermöglicht erst die Resozialisierung von Hunden. Weil sie sich nicht an die Vergangenheit klammern oder sich um die Zukunft sorgen, sind Hunde offen für die Gegenwart und lernen ständig dazu. Sie sind auch nicht böse, wenn sie korrigiert oder diszipliniert werden, denn wenn es vorbei ist, ist es vorbei. Sie assoziieren diese Erfahrung mit dem Augenblick, in dem sie stattfand, und dabei lassen sie es bewenden.

Dies ist eine der wichtigsten Lektionen, die wir von Hunden lernen können. Die zwanghafte Beschäftigung mit Vergangenheit oder Zukunft kann zu vielen negativen Emotionen führen: Groll, Kummer, Sorge, Furcht oder Neid. Loszulassen, was vorbei ist und was wir nicht mehr kontrollieren können, ist der Weg zu unserer Erfüllung im Hier und Jetzt.

Kernprinzip 3:
Hunde lügen nicht.

Während der Dreharbeiten zum *Hundeflüsterer* arbeitete ich mit vielen Familien an der Rehabilitation von über 400 Hunden. Bevor ich mich mit ihnen traf, bat ich meine Filmcrew, mir nicht zu sagen, worin das Problem bestand. Ich musste dem Hund und seiner Familie unbeeinflusst entgegentreten, um an die Wurzel des Problems zu gelangen. Fast immer erzählten mir die Menschen die Geschichte, aber die Hunde vermittelten mir die Wahrheit. Die Energie eines Hundes ist immer vollkommen ehrlich. Durch reines Beobachten des Hundes bekomme ich meist ein gutes Gefühl dafür, wie sich die Lage tatsächlich darstellt.

Wir Menschen besitzen eine große Gabe, Geschichten zu erzählen, und deshalb machen wir uns oft etwas vor. Bitte verstehen Sie mich nicht falsch. Ich glaube nicht, dass sich diese Hundebesitzer bewusst unehrlich über ihre Gefühle äußerten oder darüber, was sie als Problem wahrnahmen. Sie meinten es nicht böse, sondern wollten sich nur schützen. Wenn Menschen die Wahrheit über die Vorgänge in ihrem Innern nicht akzeptieren, ist es schwieriger, ihren Hunden zu helfen. Die verzwicktesten Fälle sind die, in denen der Mensch die Situation leugnet und eine komplizierte Erklärung für das Fehlverhalten des Hundes findet.

Ein Beispiel aus meiner Praxis soll dies demonstrieren. Unter den Kursteilnehmern eines Seminars war eine Frau, Ann. Sie hatte einen Therapiehund namens Monarch, den sanftesten und sensibelsten Hund, den man sich vorstellen kann. Gerade wegen dieser Eigenschaften war er für seine Aufgabe ideal geeignet. Ann sagte: «Monarch und ich haben Verständigungsprobleme. Er tut nicht immer, was ich ihm sage, und er reagiert ängstlich, wenn ich ihn zurechtweise.» Das war die Geschichte, die Ann erzählte, doch ihre Körpersprache und ihre Energie sagten etwas anderes.

Die anderen Kursteilnehmer erkannten, dass sich Ann zu viele Gedanken darüber machte, wie Monarch auf sie reagierte. Ihr Blick schoss immer wieder zu ihm hinunter, um die kleinste Reaktion mitzubekommen. Sie bewegte sich nicht bewusst und voller Selbstvertrauen. Sie hielt die Leine sehr kurz, damit Monarch dicht bei ihr blieb. Sie überkompensierte Monarchs angebliche Gleichgültigkeit ihren Kommandos gegenüber.

In Wirklichkeit vertraute Ann Monarch nicht, und Monarch wusste das. Überlegen Sie einmal: Würden Sie einer Person folgen, von der Sie wissen, dass sie Ihnen nicht vertraut? Ann war zu zaghaft, zu ängstlich, und sie übertrug diese Energie auf ihren Hund. Als ausgebildeter Therapiehund reagierte Monarch besonders sensibel auf Menschen, vor allem auf Anns Verhalten.

Als ich Monarchs Leine nahm, hielt ich sie locker und mit zwei Fingern. Zuversichtlich und ruhig gab ich Monarch nonverbale Kommandos über meine Körpersprache. Er befolgte sie ohne Zögern. Dann nahm ich die Leine ab, und Monarch erwachte plötzlich zum Leben. Aus dem schüchternen, zaghaften Therapiehund war plötzlich ein glücklicher, ruhiger und gehorsamer Hund geworden. Er führte jedes Kommando freudig aus. Die Kursteilnehmer applaudierten, Monarch rollte sich auf den Rücken – das ultimative Zeichen von Unterordnung und Vertrauen. Ann musste hinter ihre Geschichte sehen und mit der Wahrheit arbeiten – erst dann konnte sie ihrem Hund wirklich helfen.

Sie können mit einem Freund oder Ihrem Ehepartner üben, den Unterschied zwischen Geschichte und Wahrheit zu finden. Schreiben Sie auf, was Ihrer Meinung nach die Ursache eines Ärgernisses in Ihrem Haushalt ist. Diskutieren Sie nun mit Ihrem

Gegenüber über diese Ursachen und schreiben Sie die Ergebnisse auf, damit sie für jeden sichtbar bleiben. Gehen Sie dann den Ursachen auf den Grund, bis Sie zur nackten Wahrheit darüber gelangen, was wirklich los ist und was den Ärger verursacht. Auch wenn diese Übung erst einmal bedrohlich klingt, sie führt zu Freiheit. Wenn die Menschen in meiner Fernsehserie *Hundeflüsterer* aufhörten zu leugnen, endete das in den meisten Fällen mit Tränen, Erleichterung und einem geheilten Hund.

Kernprinzip 4:
Arbeiten Sie mit der Natur, nicht gegen sie.

Wie wir in Kapitel 2 gelernt haben, betrachten wir einen Hund zuerst als Tier, dann als Art, dann als Rasse und zuletzt als Individuum. Tiere sind ein Teil der Natur. Um erfolgreich zu überleben, müssen alle, von der Ratte bis zum Adler, die Gesetze der Natur befolgen. Wir Menschen haben diese Gesetze vergessen, weil wir sie ohne negative Folgen brechen können, aber dieser Grundsatz gilt auch für uns. Wer in einem modernen Industrie- oder Schwellenland lebt, verliert leicht den Draht zur Natur. Unser Haus beschützt uns vor den Elementen. Viele fahren mit Auto, Bus oder Bahn zur Arbeit. Unsere nächste Mahlzeit ist nie weiter entfernt als der Kühlschrank, der Supermarkt oder das Restaurant um die Ecke. Wir nehmen die Natur höchstens wahr, wenn das Wetter schlecht ist oder wir beim Gassigehen die Hinterlassenschaften unseres Hundes aufsammeln.

Nichts davon ist für einen Hund natürlich, und doch haben wir diese wilden Rudeltiere in unsere Häuser geholt. In der

Natur ist das Leben eines Hundes unkompliziert. Da seine Realität überwiegend von seinen Sinnen bestimmt wird, lebt er von einem Augenblick zum nächsten, und es geht immer nur um das Überlebensnotwendige – Schutz, Nahrung, Wasser und gelegentlich Paarung. Er durchstreift mit dem Rudel das Revier, um diese Bedürfnisse zu erfüllen. Hunde machen sich keine Sorgen um die Zukunft oder grübeln über die Vergangenheit nach. Sie leben im Augenblick, was Menschen oft nur schwer verstehen können, vor allem unter den Zwängen der modernen Welt. Sie erinnern sich: Die Realität eines Menschen wird bestimmt durch Überzeugungen, Wissen und Erinnerungen.

Man lernt erst dann wirklich, wie man nur im Augenblick lebt, wenn man auf der Straße lebt. Ich war obdachlos, als ich in die USA kam, und es ist interessant zu sehen, wie schnell man aufhört, in der Vergangenheit zu leben oder von der Zukunft zu träumen, wenn die größte Sorge darin besteht, woher die nächste Mahlzeit kommt und wo man die Nacht verbringt. Nun klingt es, als müsste jeder Hund dankbar sein, in einem Zuhause mit zuverlässiger Futterversorgung zu leben, aber Hunde können ihre Instinkte nicht begründen wie Menschen. Man kann einen Hund aus der Natur herausnehmen, aber nicht die Natur aus einem Hund.

Als Art gehen Hunde mit der Natur auf bestimmte Weise um, weil sie die Rudelmentalität der Wölfe geerbt haben. Aus dieser Sicht unterscheiden sich Hunde von Hirschen, Tigern, Lamas und auch Menschen. Ihre Bedürfnisse kreisen um die Bedürfnisse des Rudels, und das Rudel folgt nur einem ruhigen, ausgeglichenen Anführer. Wenn Rudelmitglieder instabil werden, bringen die anderen sie, wenn möglich, rasch wieder auf Spur, sonst werden sie getötet oder ausgestoßen.

Deshalb ist neben der Erfüllung seiner körperlichen Bedürfnisse eine stabile Führung so wichtig für einen Hund. Das Bedürfnis nach einem Anführer ist beim Hund auf einer primitiven, instinktiven Ebene genetisch programmiert. Wenn Arten oder Tiere durch Domestizierung von der Natur getrennt werden, ist es besonders wichtig, dass ihre körperlichen und mentalen Bedürfnisse erfüllt werden. Wenn Sie einen Hund nicht füttern, dann verhungert er. Wenn Sie sein Bedürfnis nach Führung nicht erfüllen, lernen Sie die Hundeversion der menschlichen Neurose kennen, möglicherweise sogar des Wahnsinns.

Hunde müssen ihre Verbindung zur Natur aufrechterhalten, und wir können ihnen dabei helfen, indem wir die Naturgesetze für Hunde aus Kapitel 2 beherzigen. Das Wunderbare daran ist, dass auch wir durch unsere Hunde einen Zugang zu unseren Instinkten finden, die wir aus den Augen verloren haben. Suchen Sie sich einen Platz außerhalb der modernen Welt, und sei es nur der Stadtpark, und dann gehen Sie mit Ihrem Rudel dort spazieren und erleben Sie die Welt wie Ihre Hunde, über Ihre Sinne. Wenn Sie die Verbindung zur Natur wieder aufbauen, hilft das dem Gleichgewicht in Ihrem Rudel, weil Sie und Ihr Hund voneinander lernen.

Kernprinzip 5:
Würdigen Sie die Instinkte des Hundes.

Die Rasse spielt eine wichtige Rolle bei der Ausprägung der Instinkte eines Hundes. Rassen entstanden durch selektive Zucht, und die Vielfalt der Hunderassen von winzigen Gesellschaftshunden wie Yorkies und Chihuahuas bis zu Riesenrassen wie Doggen und Bernhardinern ist verblüffend. Manchmal glaubt man kaum, dass so unterschiedliche Tiere zur selben Art gehören. Rassen wurden aus diversen Gründen gezüchtet, etwa als Begleiter, Hüter oder Beschützer. Stets ging es dabei um das Nutzen und Schärfen erwünschter Instinkte für die Züchtung von Hunden, die bestimmte Aufgaben besonders gut erfüllen konnten.

Die Rasse kann das Verhalten unterschiedlich beeinflussen. In der Arbeit mit einem Hund muss man sie daher gelegentlich berücksichtigen – ob es dabei nun um einfaches Training, um die Zuweisung einer geeigneten Aufgabe oder um Resozialisierung geht. Denken Sie jedoch daran, dass die Rasse nur das Äußere ist. Je reinrassiger ein Hund, desto stärker sind bei ihm rassetypische Merkmale und Instinkte ausgeprägt. Doch wenn Sie seine Bedürfnisse als Tier und als Art nach meiner Formel erfüllen, lassen sich rassetypische Verhaltensprobleme minimieren.

Außerdem können rassespezifische Aktivitäten eine schöne Erfahrung für Hund und Mensch sein. Bei Fehlverhalten durch rassebedingte Instinkte sind sie sogar sehr wichtig.

Sieben große Hundegruppen – Jagdhunde, Hetzhunde, Gebrauchshunde, Hütehunde, Terrier, Gesellschaftshunde und die sogenannte Non-Sporting Group – wurden im Lauf der Jahrhunderte auf verschiedene Funktionen hin gezüchtet. Ihre speziellen Bedürfnisse lassen sich auf unterschiedliche Arten erfüllen.

Jagdhunde helfen durch Anzeigen oder Aufstöbern der Beute oder durch das Apportieren von Wild, vor allem von Wasservögeln, bei der Jagd. Für diese Gruppe eignen sich Spiele, die das Finden oder Apportieren von Beute simulieren. Einem Vorstehhund können Sie einen Gegenstand mit vertrautem Geruch zeigen und ihn dann verstecken. Belohnen Sie ihn für das Anzeigen, aber lassen Sie ihn das Objekt nicht apportieren, weil das seinen

Suchspiele kommen den natürlichen Jagdinstinkten dieses Hundes entgegen.

Beutetrieb stimuliert. Einen Spaniel lassen Sie den Gegenstand aufspüren, einen Retriever apportieren.

Auch Hetzhunde wurden für die Jagd gezüchtet, sind aber im Gegensatz zu den Jagdhunden für das eigentliche Hetzen und Verfolgen zuständig, und ihre Beute sind eher Säugetiere als Vögel. Hetzhunde werden in Schweißhunde und Windhunde unterteilt. Den Bedürfnissen des Schweißhunds entspricht das „Ausreißer"-Spiel. Dazu zeigen Sie dem Hund Kleidungsstücke mit vertrauten Gerüchen „seiner" Menschen, danach verstecken Sie sie entlang Ihrer Spazierroute. Belohnen Sie den Hund für jedes Kleidungsstück, das er findet.

Windhunde jagen über größere Distanzen. Sie sind die geborenen Läufer und eignen sich daher ideal zum Laufen neben dem Fahrrad. Denken Sie jedoch daran, dass Windhunde

Sprinter sind und keine Langstreckenläufer, also bauen Sie am besten kurze, schnelle Sprints in längere Abschnitte mit normaler Geh- oder langsamer Radfahrgeschwindigkeit ein.

Gebrauchshunde wurden gezüchtet, als der Mensch vom Jagen und Sammeln zum sesshaften Leben überging. Diese Hunde wurden wegen ihrer Größe und Stärke zum Bewachen, Ziehen und Retten eingesetzt. Das Ziehen liegt daher in ihrer Natur, und wenn man diesen Instinkt ansprechen möchte, spannt man sie am besten auf dem Spaziergang vor einen kleinen Karren. Gebrauchshunde sehen das Ziehen nicht als lästige Pflicht, sondern als physische und mentale Herausforderung, bei der sie sich nützlich und geschätzt fühlen.

Die Hütehunde mit ihrem Instinkt, die Bewegungen anderer Tiere zu kontrollieren, können von Natur aus gut zusammentreiben. Doch keine Sorge, wenn Sie keine Schaf- oder Rinderherde parat haben. Diese Rassen haben auch großen Spaß am Agility-Training und sind unschlagbare Frisbeespieler.

Terrier sind darauf gezüchtet, kleine Beutetiere zu erjagen, und folgen häufig Nagetieren in ihren Bau. Trotz ihrer geringeren Größe stammen sie von den Gebrauchs- und Hütehunden ab, sodass sich viele Aktivitäten für diese Gruppen auch gut für Terrier eignen, vor allem für energiegeladene Rassen.

Die Gesellschaftshunde wurden möglicherweise ursprünglich für die Jagd auf sehr kleine Tiere gezüchtet, doch offenbar wurden sie rasch zu reinen Begleithunden. Das Bild der reichen Dame mit dem Hündchen in der Handtasche ist denn auch nichts Neues. Diese Gruppe entspringt der menschlichen Neigung, sich für süße Tiere zu begeistern, die dem Kindchenschema entsprechen. Mit ihren winzigen Gesichtern und den großen Augen treffen Gesellschaftshunde genau diesen Nerv. Die

Rassen in dieser Gruppe stammen von unterschiedlichen anderen Gruppen ab, wurden jedoch nicht für bestimmte Aufgaben gezüchtet. Deshalb ist es noch wichtiger, dass sie zuallererst als Tiere und Hunde behandelt werden. Sie tun Ihrem Begleithund keinen Gefallen, wenn Sie ihn überallhin tragen oder ihn nicht an der Leine führen. Lassen Sie also den Hund aus der Tasche und leinen Sie ihn an!

Die Non-Sporting Group schließlich ist so etwas wie ein Sammelbecken für alle übrigen Rassen. Zu dieser Gruppe gehören etwa Pudel, Bulldogge, Boston Terrier, Lhasa Apso, Shar-Pei, Chow Chow, Shiba Inu und Dalmatiner. Geeignete Aktivitäten finden Sie je nach Rasse in den genannten Gruppen.

All diese Hunde brauchen Bewegung in irgendeiner Form, am besten beim Gassigehen. Die Vorschläge in diesem Abschnitt sind für zusätzliche Zeit mit Ihrem Hund gedacht und auch als Anregung für die Rehabilitation, wenn immer noch Probleme bestehen, vor allem instinktbedingte.

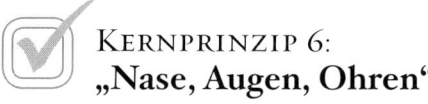

Kernprinzip 6:
„Nase, Augen, Ohren"

Wie wir gesehen haben, wird die Realität des Instinktwesens Hund von seinen Sinnen geformt. Der stärkste Sinn ist der Geruchssinn, gefolgt vom Sehen und vom Hören – in dieser Reihenfolge entwickeln sich auch die Sinne beim Welpen. Über die Nase erfahren Hunde also am meisten über die Welt. Wir wissen nun auch, dass Menschen die Welt zuerst über das Sehen und erst zuletzt über Gerüche wahrnehmen, weswegen wir dieses Kernprinzip oft vergessen. Es gehört jedoch zu den wichtigsten Punkten, an die Sie bei jedem Umgang mit einem Hund denken müssen, ob er zu Ihrem Rudel gehört oder nicht.

Menschen und Hunde leben schon so lange zusammen – seit 10 000 oder gar 20 000 Jahren –, dass es für Menschen fast selbstverständlich ist, unbekannte Hunde so zu begrüßen wie Menschen. Sie kennen das sicher: Sie besuchen einen Freund und sehen seinen neuen Hund zum ersten Mal. Gleich nach dem Hereinkommen begrüßen Sie den Hund ausgiebig, beugen sich vielleicht sogar zu ihm hinunter und tätscheln ihm den Kopf. Es wäre schließlich unhöflich, ihn einfach zu ignorieren, oder?

Im Gegenteil. Wenn Sie einen fremden Hund zunächst ignorieren, sind Sie nicht unhöflich, sondern achten seine Bedürfnisse. Sie sind ihm schließlich fremd, und das kann einen Hund einschüchtern. Wenn Sie sein Revier zum ersten Mal betreten, weiß er nicht, ob Sie Freund oder Feind sind. Ein ausgeglichener Hund beobachtet, was der Rudelführer tut, und verhält sich entsprechend. Gleichzeitig versucht er, Sie über seine Sinne abzuschätzen, also durch Nase, Augen und Ohren – in dieser Reihenfolge.

Zuerst schnuppert er wahrscheinlich an Ihren Füßen. Auf diese Weise lernt er Ihren Geruch kennen und nimmt Ihre Energie auf. Wenn Sie sich dabei an die Grundregel „Nicht anfassen, nicht ansprechen, kein Blickkontakt" halten, wird der erste Kontakt reibungslos verlaufen. So respektieren Sie zum einen, wie der Hund die Welt wahrnimmt, und zum anderen sein Bedürfnis nach Abstand. Außerdem geben Sie ihm Zeit, Sie in Ruhe zu begutachten (siehe Seite 45f).

Es ist wichtig, immer wieder an dieses Kernprinzip zu denken, weil es fast jede Interaktion mit Ihrem Hund betrifft – vom ersten Kennenlernen bis zu Ihrem täglichen Kommen und Gehen.

Beobachten Sie beim Gassigehen, worauf Ihr Hund reagiert. Wie wirkt sich ein interessanter Geruch auf seinen Körper und seine Energie aus? Auf welche Anblicke und Geräusche reagiert er? Nur durch aufmerksames Beobachten lernen Sie viel über Ihren Hund. Je mehr Sie über ihn und seine Wahrnehmung wissen, desto besser können Sie Ihre Rolle als Rudelführer erfüllen.

KERNPRINZIP 7:
Akzeptieren Sie die natürliche Position Ihres Hundes im Rudel.

In der Natur gibt es drei Positionen im Hunderudel: vorne, in der Mitte und hinten. Jeder Hund findet von selbst seine natürliche Position. Die schwächeren Hunde landen hinten, die dominanteren in der Mitte. Die Rudelführer laufen immer vorne.

Jede Position ist wichtig und erfüllt eine bestimmte Funktion im Rudel. Hunde in allen drei Positionen kooperieren, um Nahrung und Wasser zu finden, und sichern das Überleben des Rudels, indem sie es gegen Gefahren verteidigen. Die vorderen Hunde (auch der Anführer) leiten und beschützen das Rudel. Sie bestimmen, wohin das Rudel geht, und wehren Gefahren von vorn ab. Die hinteren Hunde haben vor allem die Aufgabe, das Rudel vor Gefahren von hinten zu warnen. Die Tiere in der Mitte wirken als Vermittler zwischen vorne und hinten, ohne sie wären die vorderen und hinteren Hunde voneinander isoliert.

Ein Beispiel: Der Rudelführer erschnuppert frisches Wasser und Beute jenseits eines dunklen, furchterregenden Waldes und geht deshalb darauf zu. Die hinteren Hunde wissen nur, dass sie einen dunklen, furchterregenden Wald betreten. Ihre norma-

Der Rudelführer sollte vorn gehen, die Hunde daneben oder dahinter.

le Reaktion wäre, durch Bellen vor der Gefahr zu warnen. Die Hunde in der Mitte spüren die ruhige Energie von vorn und beruhigen die ängstlichen hinteren Hunde durch ihre eigene ruhige Energie. Wenn sich dem Rudel dagegen von hinten eine große Bedrohung nähert, bleiben die hinteren Hunde erregt und bellen weiterhin warnend. Die Hunde in der Mitte nehmen diese Energie auf und geben sie nach vorn weiter. Der Rudelführer wendet das Rudel, um es gegen die neue Bedrohung zu beschützen.

Mithilfe der Kommunikation durch Energie und eine feste Rangordnung funktioniert das Rudel als Einheit. Jeder Hund kennt seinen Platz in der Hierarchie, und dort bleibt er auch. Ein Hund, den es von Natur aus nach hinten zieht, versucht nicht, in die Mitte oder nach vorn zu gelangen, und ein vorderer Hund gibt seine Position nicht auf, wenn er nicht von einem anderen dazu gezwungen wird. Das geschieht in der Regel erst dann, wenn der Anführer Anzeichen von Instabilität zeigt.

Als verantwortungsbewusste Hundeliebhaber müssen wir lernen, wo im Rudel sich unser Hund normalerweise aufhalten würde. Durch das Beobachten von Energie und Körpersprache erkennen wir, an welche Stelle unser Hund am ehesten passen würde. Es liegt auch an uns, die Position des Hundes im Rudel zu respektieren und nicht zu versuchen, sie zu ändern, denn das können wir nicht. Wir würden damit eins der Naturgesetze für Hunde brechen: Hunde sind Rudeltiere mit einem Anführer und Untergebenen. Wenn Sie versuchen, einen Hund von hinten oder aus der Mitte in eine Führungsposition zu bringen (oder ihn zwingen, diese Position einzunehmen, weil es sonst niemand tut), bringt ihn das aus dem Gleichgewicht.

Die große Mehrheit der Hunde ist nicht zum Rudelführer geboren. Werden diese Tiere von den Menschen korrekt aufgezogen, werden sie nie versuchen, diese Rolle zu spielen. Wenn Sie aber die Position Ihres Hundes im Rudel weder verstehen noch respektieren – indem Sie entweder versuchen, sie aktiv zu verändern oder den Hund dazu zwingen, sie zu ändern, weil Sie kein Rudelführer sind –, dann arbeiten Sie nicht mit der Natur. Das Ergebnis ist weder für Sie noch für Ihren Hund angenehm.

Kernprinzip 8:
Sie erzeugen den ruhigen, fügsamen Zustand.

Die bisherigen sieben Regeln sollen Ihren Hund in einen ruhigen, fügsamen Zustand bringen. Im nächsten Kapitel zeige ich Ihnen ausführlicher, wie das geht. Alles beginnt mit Ihnen, und besonders wichtig sind dabei Ihre Energie, Ihre Geisteshaltung und Ihre Herangehensweise. Sie sind die Quelle für den ruhigen, gefügigen Zustand Ihres Hundes, und Ihr Hund erwartet Orientierung von Ihnen. Strahlen Sie dagegen ängstliche, nervöse, überreizte, wütende, frustrierte oder andere negative Energie aus, dann spiegelt Ihr Hund das. Wenn Sie Ihre Regeln nicht konsequent durchsetzen, wird Ihr Hund ausprobieren, womit er durchkommt. Wenn Sie jedoch mit ruhiger, entschlossener Energie konsequent im Training und beim Durchsetzen Ihrer Regeln sind, werden Sie das Vertrauen Ihres Hundes gewinnen, und er wird Ihnen folgen und sich an Ihnen orientieren.

Sollten Sie Schwierigkeiten damit haben, ruhige, entschlossene Energie auszustrahlen, ist es vielleicht hilfreich, das gewünschte Ergebnis zu visualisieren. Zieht Ihr Hund etwa an der Leine, stellen Sie sich vor, wie er neben oder hinter Ihnen läuft. Versuchen Sie dabei zu spüren, wie es sich anfühlen würde, wenn Sie Ihren Hund nicht ständig zurückziehen müssten. Wie viel schöner wäre der Spaziergang für Sie beide?

Sie können auch Verbindung zu Ihrem Hund aufnehmen und ihn und sich selbst in einen ruhigen Zustand bringen, indem Sie mit ihm meditieren. Setzen oder legen Sie sich dazu mit Ihrem Hund hin. Legen Sie eine Hand auf seine Brust und die andere auf seinen Rücken in der Nähe der Hinterbeine. Achten Sie auf die Atmung des Hundes und machen Sie sie nach. Nach einigen Tagen sollte Ihr Hund anfangen, Ihren Atemrhythmus zu imitieren, und Sie sollten eine Verbindung zueinander aufbauen können. Meditation kann auf Sie beide beruhigend wirken.

Lassen Sie sich vor allem nicht einschüchtern. Beginnen Sie einfach mit der Umsetzung all dieser Informationen und bauen Sie auf jeden kleinen Erfolg auf. Je häufiger die Erfolge, desto selbstbewusster werden Sie und desto weniger werfen Sie Rück-

Nehmen Sie Ihre Rolle als Rudelführer an – Ihr Hund wird Ihnen folgen.

schläge aus der Bahn. Denken Sie daran: Nicht nur Sie wollen ruhig und entschlossen wirken und eine ausgewogene Beziehung zu Ihrem Hund aufbauen. Ihr Hund möchte das genauso.

Kernprinzip 9:
Sie müssen der Rudelführer sein.

Eigentlich geht es immer nur um eins: Seien Sie der Rudelführer. Ein Großteil der Probleme, die ich bei Hundebesitzern und ihren Hunden sehe, lässt sich auf fehlende Führungsqualitäten des Menschen zurückführen. Hunde sind Rudeltiere mit einem Anführer und Untergebenen. In der Wildnis sind die meisten Hunde Untergebene, aber wenn er keinen Anführer hat, wird ein

Hund versuchen, die Kontrolle zu übernehmen. In einem Menschenhaushalt kann das dazu führen, dass er alle möglichen unerwünschten Verhaltensweisen zeigt wie Ängstlichkeit, Zerstörungswut, übermäßiges Bellen und Aggression. Fehlt ein starker Anführer, gerät der Hund aus dem Gleichgewicht und tut, was er für nötig hält, um seine Bedürfnisse zu erfüllen.

Stellen Sie sich vor, Sie werden von zu Hause abgeholt und ins Weiße Haus gebracht. Ein CIA-Agent sagt zu Ihnen: «Jetzt sind Sie der Präsident. Viel Glück», und geht dann ohne weitere Anweisungen. Nur sehr wenige würden nicht schon in den ersten Tagen alles falsch machen. Ein Hund ohne starken Anführer befindet sich in derselben Situation.

Der starke Anführer fehlt häufig, weil viele Menschen dazu neigen, ihre Hunde zu verhätscheln, und jede Art von Diszipli-

Welpen erfahren als Erstes die ruhige, entschlossene Energie ihrer Mutter.

nierung oder Bestrafung als „gemein" empfinden. Statt Orientierung und Schutz zu bieten, wie es der Aufgabe eines Rudelführers entspricht, versuchen viele Menschen, mit ihren Hunden zu diskutieren wie mit einem Vorschulkind. Das Problem dabei ist, dass Hunde mit intellektuellen Erläuterungen nichts anfangen können, weil sie Instinktwesen sind. Ihre Hündin wird Sie nur verwundert anschauen, wenn Sie sagen: «Bella, Frauchen wird richtig sauer, wenn du auf ihren Sachen rumkaust, also lass das bitte.» Die Hündin hat keine Ahnung, wovon Frauchen spricht. Eine Hundemutter dagegen würde direkt über Energie, Blickkontakt und Berührung kommunizieren, um einem unartigen Welpen ihre Botschaft – «Stopp!» – zu übermitteln.

Auch der Rudelführer kommuniziert nicht über emotionale oder nervöse Energie, sondern ist stets ruhig und entschlossen. Mit dieser Energie beeinflusst er das Verhalten des Rudels. Vielleicht fragen Sie sich jetzt, wie genau man ruhige, entschlossene Energie ausstrahlt. Ich rate Hundebesitzern häufig, sich jemanden vorzustellen, den sie bewundern – einen Lieblingslehrer, eine historische Person, einen fiktiven Helden –, und so zu tun, als seien sie dieser Jemand. Das Bild vor Ihrem inneren Auge beeinflusst Ihre Körpersprache, und Sie strahlen die gewünschte ruhige, entschlossene Energie aus. Man kann kaum in sich zusammensinken, wenn man sich vorstellt, man sei Kleopatra oder König Arthur. Wenn Ihnen dieser Vorschlag zu albern ist, dann sehen Sie sich einmal einen ruhigen, selbstbewussten Hund an und beobachten Sie, wie er sich bewegt – stolz, mit hoch erhobenem Kopf und aufgestellten Ohren und stets zielgerichtet.

Ebenfalls ist es wichtig, dass Sie als Rudelführer Ihr Revier beanspruchen, indem Sie sich ruhig und selbstbewusst durchsetzen. Das macht Ihrem Hund klar, dass Ihnen der Raum gehört, den er bewohnt, und hilft ihm, Ihre Autorität anzuerkennen. Gleichzeitig müssen Sie ihm beibringen, für Futter und Zuneigung zu arbeiten, indem Sie vor dem Füttern mit ihm Gassi gehen. Neben der körperlichen Anstrengung sollten Sie ihm auch mental etwas abverlangen: Lassen Sie ihn warten, bis er in einem ruhigen, fügsamen Zustand ist, bevor Sie ihm Futter oder Zuneigung geben.

Vor allem müssen Sie als Rudelführer Ihr Rudel und seine Bedürfnisse kennen und für deren Erfüllung sorgen, indem Sie eine strukturierte, beständige Umgebung mit Regeln, Grenzen und Einschränkungen schaffen. Dominanz ist kein Schimpfwort. Da die meisten Hunde gar keine Anführer sein wollen, wird Ihr Hund Sie sogar noch mehr lieben, wenn Sie die Kontrolle übernehmen.

Die Kernprinzipien in diesem Kapitel decken viele unterschiedliche Bereiche ab. Einige beziehen sich direkt auf Ihre Haltung, Ihre Energie und Ihren Willen. Andere basieren auf Ihrer Einsicht in spezifische Tatsachen über Ihren Hund und wie er die Welt wahrnimmt. Zusammen bilden diese Prinzipien ein starkes Fundament, auf dem wir ein Bezugssystem für unsere Hunde und unser Zusammenleben mit ihnen errichten können. Im nächsten Kapitel besprechen wir praktische, einfache und wirkungsvolle Techniken, auf die ich zurückgreife, um meine Hunde ins Gleichgewicht zu bringen und sie glücklich zu machen.

Kapitel 4

Praktische Techniken für den Rudelführer

Der Weg, der dazu führt, dass man ein starker Rudelführer wird, sieht für jeden anders aus. Für den einen ist es eine lange Reise, für den anderen nur ein Spaziergang um den Block. In jedem Fall beginnt alles mit einem einfachen Schritt: den Hund so zu sehen, wie er wirklich ist. Am besten gelingt das mithilfe der Naturgesetze für Hunde und der Kernprinzipien. Setzen wir diese nun mit einigen praktischen Techniken in die Tat um.

Das Wissen aus den vorigen Kapiteln ist eine wichtige Voraussetzung dafür, die Beziehung zu Ihrem Hund ins Gleichgewicht zu bringen. Informationen sind wichtig, aber Sie müssen die Lektionen auch anwenden, um den passenden Rahmen für sich und Ihren Hund zu schaffen. Die fünf Rudelführer-Techniken in diesem Kapitel basieren auf den Naturgesetzen für Hunde und den Kernprinzipien. Lassen Sie sich nicht von der Einfachheit der Techniken täuschen – es sind wirkungsvolle Methoden, die die Beziehung zwischen Ihnen und Ihrem Hund verbessern werden.

Rudelführer-Technik 1: Strahlen Sie ruhige, entschlossene Energie aus.

Weil Energie für einen Hund so wichtig ist, muss der Mensch wissen, welche Energie er aussenden muss, damit sein Hund glücklich und gesund bleibt. Das Ausstrahlen ruhiger, entschlossener Energie gehört zu den zentralen Anforderungen an einen Rudelführer. Wenn Sie dafür ein Vorbild brauchen, denken Sie an Oprah Winfrey oder den Schwimmer Michael Phelps. Ihre klare Führerschaft auf ihrem Gebiet zeigt sich nicht nur durch ihre Sprechweise, sondern auch durch ihre Haltung – selbstbeherrscht, selbstbewusst und immer Herr(in) der Lage.

Ihr Hund hat eine andere Energie als Sie. Er sollte ruhig und fügsam sein, im natürlichen Zustand eines Untergebenen im Rudel. Wenn ein Hund diese Energie zeigt, entspannt sich seine Körperhaltung, er legt die Ohren an und reagiert prompt auf Ihre Kommandos.

Ein Welpe erlebt nach der Geburt zuerst die ruhige, positive Energie seiner Mutter, die ihm Sicherheit und Geborgenheit vermittelt. Später folgt er aufgrund entsprechender Assoziationen einem Rudelführer, der dieselbe Energie ausstrahlt. Untergeordnete Hunde geben eine ruhige, fügsame Energie zurück, die das Rudel im Gleichgewicht hält. Die meisten Hunde sind zum Untergebenen geboren, weil es keinen Platz für so viele Rudelführer gibt.

Stellt man einer ruhigen, entschlossenen Person einen ruhigen, gefügigen Hund an die Seite, entsteht ein natürliches Gleichgewicht, das für Stabilität und einen ausgeglichenen, in sich ruhenden, glücklichen Hund sorgt. Lebt aber ein von Natur aus gefügiger Hund bei einem Menschen, der ihn nicht führt, wird er versuchen, das Gleichgewicht wiederherzustellen, indem er die in seinen Augen unbesetzte Rolle des Rudelführers übernimmt. So entstehen Verhaltensprobleme.

Um sich als Rudelführer durchzusetzen, müssen Sie jederzeit ruhige, entschlossene Energie ausstrahlen. Wenn ein Hund zu uns kommt, erfährt er zum ersten Mal die intensive emotionale Energie der Menschen. Wir überschütten ihn mit Zuwendung und plappern in Babysprache auf ihn ein, also nimmt er unsere Energie als überdreht wahr und nicht als ruhig und entschlossen. Deshalb hören viele Hunde nicht auf ihre Besitzer. Ihre Mutter hat sich nie so verhalten. Für sie wäre das unnatürlich.

Gut zu sehen ist das an der Beziehung zwischen mir und meinem vierjährigen Pitbull Junior. Junior und ich sind immer zusammen gewesen, seit er ein Welpe war. Junior hat schon mehr Vielflieger-Meilen gesammelt als die meisten Menschen – über 200 000 –, um auf der ganzen Welt bei der Erziehung, Rettung oder Resozialisierung von Hunden zu helfen. Ich muss kaum etwas zu ihm sagen, und trotzdem weiß er, was ich von ihm will. Unsere Kommunikation läuft fast nur nonverbal. In großen Städten wie New York lasse ich Junior bei nächtlichen Spaziergängen von der Leine. Er bleibt eng an meiner Seite, und die Leute staunen immer, wie sehr Junior auf mich „eingepegelt" ist. Wahrscheinlich bietet keine andere Stadt mehr Ablenkung als Manhattan bei Nacht, aber Junior bleibt stets dicht bei mir und verfolgt jede meiner Bewegungen.

Im letzten Sommer flogen Junior und ich auf Pressereise nach New York. Unterwegs erhielt ich einen verzweifelten Anruf einer wohlhabenden Klientin, die ein Problem mit ihrer Airedale-Terrier-Hündin namens Paris hatte. Sie hatte beschlossen, zu Paris' zehntem Geburtstag eine Party für sie zu geben. Es sollte eines der gesellschaftlichen Highlights des Sommers werden. Das Problem war nur, dass Paris starke Ängste entwickelt hatte und sich weigerte, unter dem Esstisch hervorzukommen. Zwei Tage ging das so, und am Tag vor der Party war das Problem noch immer nicht gelöst. Die Besitzerin war verzweifelt, also kamen Junior und ich vorbei, um zu helfen.

Paris' Energie zeugte von großer Furcht, die Aggressionen hervorrief. Ich führte Junior ins Haus, und er spürte die potenzielle Gefahr. Ich hielt mich zunächst zurück, Junior wusste von selbst, was zu tun war. Nach 15 Minuten bei Paris unter dem Tisch gelang es ihm, sie hervorzulocken. Ich konnte mit ihr arbeiten und ihre Angst abbauen. Natürlich war Junior zur Geburtstagsparty am nächsten Tag eingeladen.

Ohne den Luxus einer Sprache müssen sich Hunde auf Intuition, Sinne und Instinkte verlassen. Wir Menschen müssen lernen, diese zu erkennen – dann können wir Erstaunliches erreichen.

▸ Angewandte Technik:
Wie Sie Ihre Energie ändern

Ihre Energie legt also fest, wie Ihr Hund Sie in Ihrer Rolle als Rudelführer wahrnimmt. Gute wie schlechte Energie spiegelt den Zustand von Körper, Geist und Absicht wider. Ruhige, entschlossene Energie zeigt sich in selbstbewusstem Auftreten, geraden Schultern, einem bewussten Gang und dem Weitblick dessen, der genau weiß, was er aus dem Augenblick machen will. Die folgende Übung hilft Ihnen, Ihre derzeitige Energie und die Ihrer Umgebung zu bestimmen, indem Sie sich auf zwei gegensätzliche Zustände konzentrieren: positiv und negativ.

Positive Energie erkennen

Für diese Übung ist ein Partner oder ein Spiegel hilfreich:

1. Stellen Sie sich vor einen Freund (oder einen Spiegel), denken Sie an eine Situation, in der Sie positiv gestimmt waren, und spüren Sie die damalige Energie. Schließen Sie die Augen, wenn das hilft. Versetzen Sie sich ein bis zwei Minuten in den positiven Zustand zurück.

2. Passen Sie Ihre Körperhaltung dem Gemütszustand an. Achten Sie darauf, was mit Armen, Brust, Schultern und Gesichtsausdruck geschieht. Wie atmen Sie?

3. Wenn Sie die Übung mit einem Freund machen, bitten Sie ihn, alle Veränderungen zu imitieren. Energie ist ansteckend und beeinflusst Ihre Umgebung. Bitten Sie ihn, Ihnen zu zeigen, wie sich Ihre Körperhaltung veränderte, als die positiven Gedanken Sie durchströmten.

4. Sich der Energie bewusst zu sein, ist der erste Schritt zur Veränderung. Versuchen Sie nach der Übung, immer wieder in diesen Zustand zu gelangen. Selbst wenn Sie sich nicht wohlfühlen, kann sich die bewusste Veränderung von Körper- und Geisteshaltung deutlich auf die Energie auswirken, die Sie Ihrer Umgebung und dem Hund übermitteln.

Negative Energie erkennen

Machen Sie auch diese Übung mit Partner oder vor dem Spiegel:

1. Denken Sie an eine Situation, in der Sie sich niedergeschlagen, wütend oder frustriert fühlten. Versetzen Sie sich ein bis zwei Minuten lang in diesen negativen Zustand.

2. Passen Sie Ihre Körperhaltung an. Achten Sie darauf, was mit Armen, Brust, Schultern und Gesichtsausdruck geschieht. Wie verändert sich Ihre Atmung?

3. Wenn Sie die Übung mit einem Freund machen, bitten Sie ihn, alle Veränderungen Ihrer Körpersprache zu imitieren. Negative Energie ist ansteckend! Bitten Sie Ihren Partner, Ihnen zu zeigen, wie sich Ihre Körperhaltung und Energie veränderten, als sich Ihr Kopf mit negativen Gedanken füllte.

4. Atmen Sie tief ein und kehren Sie zum positiven Zustand von vorhin zurück. Konzentrieren Sie sich ein bis zwei Minuten ganz auf diesen glücklichen, kraftvollen, beflügelten Zustand. Beachten Sie, wie viel Kontrolle Sie über Ihre positiven und negativen Gemütszustände haben.

Wiederholen Sie die Übungen nun mit Ihrem Hund an Ihrer Seite und beobachten Sie, wie Ihr Vierbeiner reagiert. Was tut er, wenn sich Ihre Energie ändert? Sie können auch mit Ihren Kindern oder Ihrem Ehepartner üben. Sobald Sie verstehen, wie Sie andere direkt beeinflussen, wird Ihnen Ihre Energie bewusster und Sie begreifen besser, wie sie sich auf Ihren Hund und andere Menschen auswirken kann.

Rudelführer-Technik 2:
Bewegung, Disziplin und Zuwendung – in dieser Reihenfolge

Vielleicht haben Sie schon einmal von meiner „Erfüllungsformel" gehört. Sie lautet „Bewegung, Disziplin und Zuwendung – in dieser Reihenfolge". Leider geben viele Menschen ihren Hunden nur Zuwendung, Zuwendung und noch einmal Zuwendung. Das Ergebnis ist ein unausgeglichener Hund.

Ich höre viele Ausreden von Leuten, die ihrem Hund nicht genug Bewegung verschaffen: «Ich habe keine Zeit, jeden Tag mit dem Hund rauszugehen», «Meine Hündin spielt den ganzen Tag im Garten, da muss ich nicht mehr mit ihr Gassi gehen», «Ich bin schlecht zu Fuß, deshalb kann ich nicht Gassi gehen» etc. Es ist jedoch so: Wenn Sie die Verantwortung für einen Hund übernehmen, dann gilt diese für alle Bereiche seines Lebens, und Bewegung gehört nun einmal dazu.

Nehmen Sie sich Zeit für Ihren Hund. Wenn Sie körperlich nicht in der Lage sind, mit ihm hinauszugehen, dann engagieren Sie jemanden dafür. Auch wenn Ihr Hund einen Garten zur Verfügung hat, muss er ausgeführt werden – den ganzen Tag im Garten herumzulaufen, ist nicht die richtige Art von Bewegung, denn sie hat kein Ziel, und es ist unnatürlich für einen Hund, an einem Ort zu bleiben. Beim Gassigehen geht es auch nicht nur darum, dass der Hund sein Geschäft verrichtet. Der Spaziergang ist nicht vorbei, sobald Ihr Hund sich erleichtert hat.

Das Gassigehen erfüllt zwei Funktionen. Erstens leitet es überschüssige Energie auf natürliche, zielgerichtete Weise ab.

Wenn sich ein Hund vorwärtsbewegt, ist auch sein Geist nach vorn gerichtet, wie es auch bei der natürlichen Rudelbewegung auf Nahrungssuche der Fall wäre. Dies stimuliert den Hund mental und zwingt ihn, eine Leistung zu erbringen, bevor er Futter bekommt. Darüber hinaus stärkt das Gassigehen die Bindung zu Ihrem Hund. Doch davon später mehr.

Der zweite Teil der Formel – Disziplin – erschreckt manche Hundebesitzer, wohl wegen der negativen Assoziationen. Viele interpretieren Disziplin als „Bestrafung", aber darum geht es nicht. Disziplin bedeutet, das Einhalten von Regeln einzuüben. Eine disziplinierte Armee ist ja auch keine Soldatengruppe, die geschlagen wurde, sondern eine Gruppe, die gut zusammenarbeitet, weil sie dieselben Regeln befolgt. Dasselbe soll die Disziplin in diesem Kontext erreichen: dass Sie und Ihr Hund im Rahmen der Regeln gut zusammenarbeiten.

Zunächst müssen Sie Ihrem Hund beibringen, auf Ihr Verlangen in einen ruhigen, gefügigen Gemütszustand überzugehen, und am schnellsten funktioniert das, wenn Sie vorher seine Energie ableiten. Deshalb steht Disziplin auch erst an zweiter Stelle. Ist Ihr Hund müde, stellt er sich geistig auf Ruhe ein, und es wird wesentlich einfacher, ihn in einen ruhigen, gefügigen Zustand zu bringen. Erst wenn er diesen Zustand erreicht hat, dürfen Sie zum letzten Teil der Formel übergehen.

Nachdem sich Ihr Hund ausgetobt hat, Ihren Anweisungen gefolgt ist und sich ruhig und gefügig verhält, ist der Zeitpunkt gekommen, ihm Ihre Zuneigung zu zeigen. Jetzt können Sie ihn zum Beispiel füttern, denn das hat er sich durch die Bewegung und das Befolgen der Regeln erarbeitet. Sie können ihm auch Leckerchen anbieten oder ihn streicheln, aber Sie sollten sofort damit aufhören, wenn er seinen ruhigen, gefügigen Gemütszustand verlässt. Wenn Sie ihm zur Belohnung kein Futter geben, sondern mit ihm spielen, hören Sie sofort damit auf, sobald er Anzeichen von Aggression oder übermäßige Erregung zeigt.

RUDELFÜHRER-TECHNIK 3:
Stellen Sie Regeln und Grenzen auf und setzen Sie sie durch.

Nun leben Sie also im Augenblick, strahlen ruhige, entschlossene Energie aus und arbeiten mit der Natur, indem Sie sich der fünf Naturgesetze für Hunde bewusst sind und die im letzten Kapitel angesprochenen Kernprinzipien befolgen. Außerdem beherzigen Sie den Grundsatz „Bewegung, Disziplin und Zuwendung". Was nun? Um sich endgültig als Rudelführer zu etablieren, müssen Sie Ihrem Hund Regeln und Grenzen aufzeigen und diese konsequent durchsetzen, um ihn nicht zu verwirren. Die Strukturierung wird sich zusammen mit Ihrer Konsequenz sehr positiv auf den Gemütszustand Ihres Hundes auswirken.

Im natürlichen Rudel beginnt die Hundemutter damit direkt nach der Geburt und steuert über Berührung und Geruch, wo der Welpe hingeht, wann er spielt und wann er trinkt. Wenn sich der Welpe schlecht benimmt, fasst die Mutter als Ermahnung leicht seinen Kopf mit der Schnauze, und wenn er sich zu weit von der Höhle entfernt, packt sie ihn am Nackenfell und trägt ihn zurück. Eine ausgeglichene Hundemutter verhält sich im Umgang mit ihren Welpen niemals emotional oder aufgeregt.

Auch erwachsene Hunde müssen wissen, was sie dürfen und was nicht, und als ihr Rudelführer müssen Sie ihnen das beibringen. Mindestens die Grundkommandos «Sitz!», «Bleib!», «Aus!»,

«Komm!», «Platz!» und «Bei Fuß!» sollte er kennen. Benutzen Sie im Training eher Energie und Gesten statt Worte. Am besten beginnen Sie mit «Sitz!» – es ist überraschend, wie viele Hunde sich von selbst hinsetzen, wenn man sich ihnen mit ruhiger, entschlossener Energie nähert und sich leicht zu ihnen beugt.

Wenn Ihr Hund das gewünschte Kommando ausgeführt hat, belohnen Sie ihn mit einem Leckerchen, mit Lob oder mit etwas anderem, das ihn motiviert. Wenn Sie die Übung wiederholen und der Hund immer prompter folgt, können Sie das entsprechende Kommando dazusagen. Denken Sie daran, dass es keine Rolle spielt, welche Wörter Sie benutzen. Ein Hund kann ebenso gut lernen, sich hinzusetzen, wenn er «Bleistift» hört.

Erscheint Ihr Hund während des Trainings irgendwann abgelenkt und sieht woanders hin, gähnt er oder wird er hyperaktiv, sollten Sie eine Pause einlegen. Welpen haben weniger Ausdauer als erwachsene Hunde – sie sind schneller gelangweilt oder abgelenkt.

«Sitz!» und «Bleib!» sind wichtige Kommandos, um dem Hund Grenzen aufzuzeigen oder, anders gesagt, um Ihr Revier abzustecken und ihm seins zuzuweisen. Wenn Ihr Hund einen bestimmten Raum nicht betreten soll, lassen Sie ihn vor der Tür sitzen und gehen Sie selbst hinein. Wenn er versucht, Ihnen zu folgen, bringen Sie ihn durch Ihre Körpersprache dazu, sich zurückzuziehen. Seien Sie konsequent. Wenn Sie nicht möchten, dass der Hund das Zimmer betritt, dann dürfen Sie es ihm niemals durchgehen lassen. Wenn er gelegentlich hineindarf, dann nur auf Ihr ausdrückliches Kommando.

Wenn Sie Ihr Haus oder Ihre Wohnung verlassen, gehen Sie stets als Erster durch die Tür, ebenso betreten Sie Ihr Heim auch immer zuerst. Lassen Sie Ihren Hund mit «Sitz!» und «Bleib!» warten, während Sie vorgehen, und rufen Sie ihn erst dann. So begreift Ihr Hund, dass das Haus oder die Wohnung Ihr Revier ist und Sie die Regeln aufstellen. Er lernt außerdem, auf Sie zu warten, bevor etwas Erwünschtes eintritt; das unterstreicht noch einmal, wo das Erwünschte herkommt – vom Rudelführer.

Denken Sie daran: Die meisten Hunde sind keine geborenen Anführer und wollen es auch gar nicht sein. Wenn sie jedoch nicht geführt werden, dann versuchen sie alles, um das Gleichgewicht im Rudel wieder herzustellen. Leider handelt ein Hund in so einem Fall häufig aus Frustration und Angst und zeigt daher ein destruktives oder aggressives Verhalten. Die meisten Hunde wissen nicht, was von ihnen erwartet wird. Man muss es ihnen zeigen. Indem Sie durch das Aufstellen von Regeln und Grenzen die Führung übernehmen, bieten Sie Ihrem Hund die Anleitung, die er braucht, und er wird Sie als Rudelführer anerkennen.

Rudelführer-Technik 4:
Geben Sie beim Gassigehen den Ton an.

Die wichtigste gemeinsame Unternehmung ist der tägliche Spaziergang. Er sorgt für Bewegung und mentale Stimulation und festigt Ihre Position als Rudelführer. Dabei sollten Sie nicht nur ruhige, entschlossene Energie ausstrahlen, sondern den Hund auch stets an einer kurzen Leine führen, die im Nacken am Halsband befestigt ist. So können Sie bei Bedarf mit einem kurzen seitlichen Ruck seine Aufmerksamkeit auf sich lenken.

DIE GLÜCKSFORMEL FÜR DEN HUND

Gassigehen ist ein wichtiges tägliches Ritual für Junior und mich.

Der Hund sollte immer neben oder hinter Ihnen gehen. Läuft er vor Ihnen, dann ist er der Rudelführer, nicht Sie. Es gibt mehrere Möglichkeiten, ihm beizubringen, in der richtigen Position zu bleiben. Sie können zum einen seine Vorwärtsbewegung behindern, wenn er Sie überholt. Ziehen Sie kurz an der Leine und bleiben Sie stehen oder ändern Sie die Richtung, und wiederholen Sie das so oft, bis Ihr Hund hinter Ihnen läuft. Sie können auch einen Spazierstock vor ihn halten, um ihn zu bremsen.

Die beste Tageszeit für einen Spaziergang ist morgens, wenn Ihr Hund voller Energie ist. Planen Sie unbedingt ausreichend Zeit ein – mindestens 30 Minuten bis eine Stunde –, um seine Energie effektiv abzuleiten. Der Zeitbedarf hängt natürlich von Alter und Bedürfnissen des Hundes ab. Ältere Hunde sind vielleicht schon nach 15 Minuten erschöpft, während junge Hunde

90 Minuten oder länger brauchen. Wenn Ihr Hund Gesundheitsprobleme hat, fragen Sie den Tierarzt, wie lange er laufen darf.

Denken Sie auch daran, dass es beim Spaziergang nicht vorrangig darum geht, Ihren Hund herumschnüffeln und sein Geschäft machen zu lassen. Um die Kontrolle zu behalten, bleiben Sie mindestens in der ersten Viertelstunde konsequent in Bewegung und erlauben Sie Ihrem Hund erst dann, die Umgebung zu erkunden und sich zu erleichtern. Achten Sie darauf, dass diese „Belohnungszeit" stets kürzer bleibt als die Laufzeit. Halten Sie dieses Muster auf dem gesamten Spaziergang ein.

Vergessen Sie nicht, sich auch beim Heimkommen als Rudelführer zu behaupten. Betreten Sie als Erster das Haus, holen Sie dann den Hund herein und lassen Sie ihn warten, während Sie ihm die Leine abnehmen und sie wegräumen. Dies ist der ideale Zeitpunkt zum Füttern – Ihr Hund hat sich die Mahlzeit verdient.

Sich Zeit zum Gassigehen zu nehmen, ist die beste Methode, Ihrem Hund Bewegung zu verschaffen und sein seelisches Gleichgewicht zu erhalten. Außerdem können Sie dabei am einfachsten Ihren Platz als Rudelführer auf positive Art behaupten. Sie sollten Ihren Hund mindestens zweimal am Tag ausführen, und zwar jeweils lange genug, um seine Energie abzuleiten und seinen ruhigen, gefügigen Gemütszustand zu erhalten.

Auf dem Spaziergang können Sie alle hier vorgestellten Prinzipien anwenden. Es bleibt Raum für Bewegung wie für Disziplin und gelegentlich auch für Zuwendung. Sie können Regeln und Grenzen abstecken und sich und Ihren Hund mit der Natur in Einklang bringen. Schließlich bietet Ihnen ein Spaziergang die ideale Möglichkeit, das Leben im Augenblick zu üben und Ihre eigene Energie zu korrigieren. Gassigehen ist der befriedigendste und produktivste Teil in der Beziehung zu Ihrem Hund.

Rudelführer-Technik 5:
Lesen Sie die Körpersprache des Hundes.

Hunde kommunizieren vor allem über ihre Körpersprache. Gleichzeitig interpretieren sie auch unsere Körpersprache nach ihrem Verständnis. Wenn wir nicht begreifen, wie Hunde ihre Körpersprache einsetzen, riskieren wir Missverständnisse.

Stellen Sie sich zwei gute Freunde vor, die sich nach langer Trennung wiedertreffen. Sobald sie sich sehen, lächeln sie herzlich und gehen etwas schneller. Vielleicht heben sie die Arme und winken begeistert. Beim Näherkommen fangen sie an zu laufen und bewegen sich frontal aufeinander zu. Die Begrüßung erfolgt wahrscheinlich mit einer festen Umarmung oder zumindest mit einem kräftigen Händeschütteln.

Sie erinnern sich – Menschen nehmen die Welt vor allem über das Sehen und Fühlen wahr, beim Hund dagegen kommt das Sehen an zweiter Stelle und das Fühlen erst ganz zum Schluss (siehe Seite 44). Für Menschen ist dieser frontale, direkte Kontakt beim Begrüßen ganz normal. Es gilt als sehr unhöflich, das Gegenüber bei der Begrüßung nicht anzusehen, und Blickkontakt wird als Zeichen von Interesse oder Aufmerksamkeit gewertet, selten als Bedrohung. Selbst wenn zwei Fremde aufeinandertreffen, gehen sie frontal aufeinander zu, stellen Blickkontakt her und setzen zur Begrüßung ihre Stimme ein.

Würden sich zwei fremde Hunde so einander nähern, endete das wohl im Kampf. Alles an ihrer Körpersprache – frontale Annäherung, Blickkontakt, Einsetzen der Stimme – würde in dem Fall Aggression bedeuten. Selbst zwei miteinander bekannte Hunde können instinktiv nacheinander schnappen, wenn einer von ihnen den anderen bei der Begrüßung als aggressiv wahrnimmt.

Hunde lernen sich durch ihren stärksten Sinn kennen: den Geruchssinn.

Die Begrüssung unter Hunden

Wenn Sie also das nächste Mal auf der Hundewiese sind, achten Sie einmal darauf, wie zwei Hunde bei der Begrüßung verfahren. Bei einer freundschaftlichen Annäherung „begrüßen" sie sich über ihren Hauptsinn, den Geruchssinn. Sie nähern sich dem anderen indirekt und schnüffeln an seiner Flanke oder am Hinterteil, bis sie die Energie des anderen sicher einschätzen können. Beobachten Sie ihre Körperhaltung und Energie und die Stellung von Kopf, Ohren und Rute. Hunde drücken sich vorwiegend über diese Körperteile aus; wie hoch sie jeweils getragen werden, sagt viel über ihre aktuelle Entschlossenheit, Aggression oder Dominanz aus – oder aber über ihre Unsicherheit und womöglich Angst.

Einen ruhigen, fügsamen Hund sieht man häufig sitzen oder liegen.

Natürlich müssen Sie dabei die körperlichen Eigenheiten Ihres Hundes berücksichtigen. Bei manchen Rassen stehen die Ohren fast immer aufrecht, bei anderen hängen sie. Wenn Sie genau hinsehen, können Sie jedoch unterscheiden, wann die Ohren Ihres Hundes Anspannung verraten und wann sie entspannt sind. Spannung entspricht dabei dem Aufstellen der Ohren, Entspannung dem Anlegen.

Bei der Rute ist es ähnlich. Manche Rassen tragen sie gerollt auf dem Rücken, andere haben gar keine Rute oder sie wird in einigen Ländern (unnötiger- und grausamerweise) kurz nach der Geburt kupiert. In beiden Fällen ist es schwer zu sagen, ob sich die Rute gerade in erhobener, mittlerer oder gesenkter Position befindet, wenn Sie nicht üben, ihre Bewegungen zu deuten.

Sehen wir uns nun einige Beispiele für den Einsatz von Kopf, Ohren und Rute in der Körpersprache des Hundes an.

Ruhig und entschlossen

Ein ruhiger, entschlossener Hund hält Kopf, Ohren und Rute aufrecht, der Körper ist jedoch nicht angespannt. Wedelt er mit der Rute, dann langsam bis mittelschnell und rhythmisch. In diesem Zustand bewegt sich der Hund bewusst; entweder steht er still, ohne hin und her zu laufen, oder er bewegt sich zielgerichtet vorwärts. Da nur wenige Hunde zum Anführer geboren sind, werden Sie auch nur sehr wenige Tiere treffen, die diese Energie zeigen.

Ruhig und gefügig

Ein ruhiger und gefügiger Hund legt die Ohren an den Kopf und senkt die Rute in die mittlere Position. Der Körper ist entspannt. Oft setzt oder legt sich ein solcher Hund hin; ganz besonders gefügige Hunde legen das Kinn auf ihre Pfoten. Beim Herstellen von Blickkontakt beginnt der Hund mit dem Schwanz zu wedeln.

Aggressiv

Ein aggressiver Hund hält Ohren, Kopf und Rute wie ein ruhiger, entschlossener Hund, der Körper steht dabei jedoch unter großer Spannung, fast als zerre er an einer unsichtbaren Leine. Ein aggressiver Hund hält außerdem den Blickkontakt.

Bei einigen Hunden äußert sich Aggression in Knurren, Zähnefletschen oder Bellen, aber gehen Sie nicht davon aus, dass der Hund nicht zuschnappt oder beißt, wenn solche eindeutigen Anzeichen fehlen. Wenn sein Körper angespannt ist, lassen Sie ihn in Ruhe. Auch das Schwanzwedeln ist in diesem Zustand kein Zeichen für Freundlichkeit. Aggressive Hunde heben oft die Rute sehr hoch und wedeln rasch hin und her.

Furcht und Ängstlichkeit

Wenn ein verängstigter Hund nicht gleich wegläuft, versucht er, sich kleiner zu machen. Dazu senkt er Kopf und Ohren, krümmt den Körper und beugt die Beine. Ein ängstlicher Hund hält die Rute in der untersten Position, oft zwischen den Hinterbeinen (daher der Ausdruck „den Schwanz einziehen"). Wie der aggressive Hund wedelt auch der ängstliche Hund mitunter rasch mit der Rute, jedoch auf der beschriebenen untersten Position.

Bei manchen Rassen sträuben sich bei Angst die Nackenhaare. Ursprünglich sollte das den Hund größer erscheinen lassen und Raubtiere abschrecken. Manchmal kneift ein ängstlicher Hund auch die Augen zusammen, um sie zu schützen. Diese Bewegung kann sich bis zur Oberlippe fortsetzen und diese von den Zähnen wegziehen. Wie das Wedeln eines aggressiven Hundes bedeutet jedoch auch dieses Zeichen nicht das, wonach es aussieht. Bei einem ängstlichen Hund ist das Zähnefletschen ein Zeichen von Unterordnung und erklärt sich durch das Zusammenziehen der gesamten Gesichtsmuskulatur.

«Lass mich in Ruhe»

Unabhängig von seiner aktuellen Energie oder Stimmung möchte manch ein Hund gelegentlich einfach keinen Kontakt zu Menschen und zeigt Ihnen das auch. Meistens dreht er sich dann einfach um und geht weg. Folgen Sie ihm in diesem Fall nicht. Denken Sie daran: Untergebene kommen zu ihrem Anführer. Wenn Sie dem Hund nachgehen, sind Sie nicht mehr der Rudelführer. Außerdem missachten Sie damit seine Bedürfnisse.

Ein Hund, der keinen Kontakt möchte, vermeidet außerdem den Blickkontakt, indem er den Kopf zur Seite dreht. Vielleicht hebt er dabei die Rute, aber die Position von Kopf und Ohren wechselt, was ein Zeichen für Unsicherheit darstellt.

Wenn ein Hund nicht will, dass man sich ihm nähert, bleibt er oft auch stocksteif stehen, als hoffe er, dadurch für Sie unsichtbar zu werden. Als letzte Warnung leckt er sich vielleicht auch die Lefzen oder knurrt. Das alles bedeutet: «Lass mich in Ruhe.»

Wenn Sie die Körpersprache der Hunde deuten lernen, können Sie zum einen besser mit ihnen kommunizieren, weil Sie ihre Sprache verstehen, zum anderen fällt es Ihnen leichter, ihre Instinkte mit ruhiger, positiver Energie in ein erwünschtes Verhalten umzulenken.

▸ Ein ganzer Werkzeugkasten

Zusammen mit den Naturgesetzen und Prinzipien aus den letzten Kapiteln bilden die vorgestellten Techniken den Kern meiner Arbeit mit Hunden. Erstellen Sie daraus eine Grundstruktur und halten Sie sich daran. Sie und Ihr Hund werden von einer beständigen Routine und einem einheitlichen Ansatz profitieren. Sie erfüllen Ihre Rolle als Rudelführer, und Ihr Hund findet zu dem ruhigen, gefügigen Gemütszustand, der diese ergänzt.

KAPITEL 5

Verhaltensprobleme

Es gibt zwei Arten von Verhaltensproblemen: Entweder treten sie plötzlich auf oder sie sind schlechte Angewohnheiten. War Ihr Hund schon immer verhaltensauffällig, sollten Sie erst einmal sich selbst kritisch unter die Lupe nehmen. Welche Bedürfnisse Ihres Hundes erfüllen Sie nicht? Woran hakt es, dass Sie kein guter Rudelführer sind? Mit diesen Problemen beschäftigen wir uns in diesem Kapitel.

Ändert Ihr Hund plötzlich sein Verhalten, will er Ihnen etwas mitteilen. Solche Probleme gehen Sie am besten an, indem Sie ihn genauer betrachten. Tritt das Problem häufiger auf? Bilden sich Muster? Erscheint das Verhalten ganz untypisch für ihn?

Wenn Ihr Hund zum Beispiel stubenrein ist und Sie eines Tages ein Missgeschick auf dem Teppich vorfinden, ist das erst einmal kein Grund zur Sorge. Überlegen Sie, ob Sie vielleicht schlicht vergessen haben, ihn auszuführen, oder ob er kürzlich etwas Ungewöhnliches gefressen hat. Wiederholt sich der Vorfall ohne eindeutige Ursache nicht, besteht höchstwahrscheinlich gar kein Grund zur Sorge. Tritt das Problem allerdings mehrmals pro Woche auf, müssen Sie etwas unternehmen.

In diesem Fall sollten Sie zunächst alle medizinischen Erklärungen ausschließen. Hinterlässt ein stubenreiner Hund plötzlich regelmäßig im Haus Pfützen, hat er vielleicht eine Blaseninfektion. Unvermittelt auftretende Aggressionen, Knurren oder Ausweichen bei Berührungen können auf Schmerzen hindeuten. Wenn sich sein Fress- oder Trinkverhalten plötzlich ändert, lassen Sie ihn zuerst vom Tierarzt untersuchen.

Ist Ihr Hund gesund, fragen Sie sich einmal, ob es in letzter Zeit Veränderungen gab. Auf diese reagieren Hunde oft sehr empfindlich; so können sie unsicher werden, wenn sie verwirrt sind oder sich bedroht fühlen. Schon eine einfache Änderung im Tagesplan – Sie verlassen zum Beispiel das Haus morgens eine halbe Stunde früher oder später – kann Ihren Hund aus der Bahn werfen, bis er sich an den neuen Ablauf gewöhnt hat. Wenn Sie jedoch die Bedürfnisse des Hundes erfüllen und ihm ein guter Rudelführer sind, gewöhnt er sich in der Regel schnell an die Veränderungen.

Im Folgenden stelle ich Ihnen eine Reihe von Verhaltensproblemen vor, beschreibe das zugrunde liegende Problem, gehe auf die möglichen Ursachen ein und schlage Lösungen vor, die Ihren Hund wieder ins Gleichgewicht bringen.

Eine letzte Anmerkung, bevor es losgeht: Verursacht das gewohnheitsmäßige oder neue Verhalten Ihres Hundes ernsthafte Probleme in Ihrer Familie, sollten Sie einen professionellen Hundetrainer oder Verhaltensexperten hinzuziehen. Er hilft Ihnen, das Problem zu verstehen, und erarbeitet eine Strategie, mit dem Fehlverhalten umzugehen. An dieser Stelle möchte ich betonen, dass Sie sofort einen Profi zurate ziehen sollten, wenn Ihr Hund ohne körperliche Ursache aggressiv ist, menschlichen Rudelmitgliedern gegenüber Futteraggressionen zeigt, ein Familienmitglied gebissen hat oder es beißen wollte.

Fehlverhalten 1: Übererregung

Wir alle kennen Hunde, die auf und ab hüpfen oder sich wild im Kreis drehen, wenn ihre Besitzer nach Hause kommen. Sie springen Gäste an und rennen im ganzen Haus herum. Sie ziehen keuchend und hechelnd an der Leine, weil sie irgendwo schnüffeln wollen. Sie rasen auf der Hundewiese herum wie Windhunde auf der Rennbahn. Kurz: Sie sind hyperaktiv.

Verhält sich ein Hund so, ist er außer Kontrolle, was für Hund und Mensch gefährlich werden kann. Beim Hochspringen kann er auf glattem Boden ausrutschen und sich die Beine oder den Rücken verletzen. Seine Krallen können Kratzer auf der Haut hinterlassen. Ist er groß genug, kann er Möbel umwerfen oder Menschen zu Boden reißen. Als Rudelführer sollten Sie Ihrem Hund Selbstvertrauen und ruhige, gefügige Energie einflößen. Auch wenn er für Sie vielleicht weniger glücklich aussieht – ein Hund, der ruhig dasitzt und Sie ansieht, wenn Sie nach Hause kommen, ist viel glücklicher als einer, der wild herumspringt.

Gründe für die Übererregung

Das Verhalten entsteht durch eine Kombination aus überschüssiger Energie und fehlgeleiteter Zuneigung. Ein übererregter Hund bekommt meist nicht genug Bewegung. Aber oft sehe ich, dass die Besitzer auch nichts tun, um das unerwünschte Verhalten einzudämmen, sondern es im Gegenteil sogar verstärken.

Menschen neigen dazu, Hunden ihre eigenen Emotionen zuzuschreiben, und daher glauben wir beim Anblick unseres herumspringenden Hundes zunächst einmal, dass er sich sehr freut, uns wieder zu sehen. Warum sollten wir das auch nicht denken?

Glückliche Menschen hüpfen ja auch auf und ab, wenn sie in einer Gameshow zum Zuge kommen oder ihre Mannschaft das Siegtor erzielt. Wenn wir also nach Hause kommen und unser Hund uns mit Springen und Im-Kreis-Drehen begrüßt, reagieren wir natürlicherweise ebenfalls mit Freude und versichern dem Tier wortreich, dass wir es genauso vermisst haben. Tatsächlich belohnen wir in solchen Fällen aber einen instabilen Hund mit Zuwendung und Aufmerksamkeit, und der Hund versteht nur die Botschaft: «Es gefällt mir, wenn du dich so benimmst!»

Die Übererregung überwinden

Der erste Schritt im Umgang mit dem Problem besteht darin, den Hund zu ignorieren, wenn er das unerwünschte Verhalten zeigt. Wenn Sie nach Hause kommen und Ihr Hund gebärdet sich wie wild, wenden Sie die Technik „Nicht anfassen, nicht ansprechen, kein Blickkontakt" an (siehe Seite 45). Reagieren Sie gar nicht auf den Hund, solange er so aufgeregt ist. Setzen Sie stattdessen Ihre Heimkehrroutine fort: Stellen Sie die Tasche ab, ziehen Sie die Jacke aus und warten Sie, bis Ihr Hund wieder entspannt (weil erschöpft) ist, bevor Sie ihn begrüßen und streicheln.

Diese Methode sollten Sie ebenfalls anwenden, wenn Ihr Hund Gäste anspringt. Doch dazu müssen Sie diese vorher richtig instruieren. Hundefreunde tolerieren oft aufgeregtes Verhalten und geben dem Hund Zuwendung, wohl aus Angst, sonst unhöflich zu erscheinen. Sie als Gastgeber können Ihre Gäste bitten, den Hund zu ignorieren, solange er aufgeregt ist. Versichern Sie ihnen, dass weder Sie noch der Hund beleidigt sind, sondern dass sie Sie damit bei seiner Erziehung unterstützen.

Beim Heimkommen lässt sich auch gut die eigene Energie überprüfen. Ihr Hund ist Ihr Spiegel. Sind Sie leicht erregbar oder allgemein ungestüm? Wenn Sie ständig selbst Übererregung zeigen, wird Ihr Hund das spiegeln. Lautes Reden, Herumrennen, Sich-Aufregen über Kleinigkeiten – das alles zeigt Ihrem Hund, dass dieses Verhalten in seinem Rudel normal ist.

Natürlich sollten Sie die überschüssige Energie Ihres Hundes anschließend auf einem langen, intensiven Spaziergang verbrennen, denn die gemeinsame zielgerichtete Bewegung ist ein viel sinnvolleres Ventil. Wenn sich Ihr Hund auch beim Gassigehen hyperaktiv benimmt, legen Sie ihm einen Rucksack an, damit er schneller ermüdet. Das Gewicht des Rucksacks lenkt seine Aufmerksamkeit zudem dauerhaft auf die ihm übertragene Aufgabe.

Sie können auch versuchen, einen übererregten Hund über die Nase zu beruhigen. Manche Gerüche wie Lavendel wirken beruhigend auf Menschen. Beim Hund ist das nicht anders. Fragen Sie Ihren Tierarzt, welche Gerüche bei Ihrem Hund wirken könnten und welche Art von Anwendung er empfiehlt.

Langfristig zahlt es sich aus, dem Hund beizubringen, bei der Begrüßung ruhig zu bleiben. Ein springender Hund mag Ihnen glücklich vorkommen, aber das ist eine rein menschliche Wahrnehmung. Ein ruhiger, ausgeglichener Hund ist viel glücklicher.

Fehlverhalten 2:
Aggression

Mit aggressiven Hunden beschäftige ich mich am häufigsten. Die Aggression hat viele Gesichter. Manche Hunde sind nur anderen Hunden oder generell Tieren gegenüber aggressiv, andere nur Menschen gegenüber und wieder andere nur, wenn es um Futter, Leckerchen oder Spielzeuge geht.

Aggression ist ein sehr auffälliges Verhalten. Der Körper eines aggressiven Hundes ist angespannt und konzentriert, und oft gibt er Laute von sich: Er knurrt, bellt, fletscht die Zähne und beißt häufig Menschen und Tiere, die ihm zu nahe kommen, oder schnappt nach ihnen. Oft sind aggressive Hunde beim Gassigehen schwer zu kontrollieren; sie ziehen an der Leine und bellen jeden anderen Hund oder Menschen an, den sie sehen.

Dieses Problem kann sehr schwierig zu lösen sein, vor allem bei notorischen Beißern oder Hunden im „roten Bereich", die also auf Angriff schalten und sich nicht davon abbringen lassen. Wenn ein Hund in der Natur Aggressionen zeigt, dann nur so lange, bis er den „Streit" gewonnen hat. Ein Hund im roten Bereich dagegen will töten und hört erst auf, wenn er Erfolg hatte.

Menschen mit einem aggressiven Hund im Haushalt sind natürlich ständig nervös, was das Problem noch verstärkt. Ängstlichkeit, Nervosität und Unsicherheit sind schwache Energien und erinnern den Hund daran, dass es hier keinen starken Rudelführer gibt. Fürchtet sich ein Mitglied Ihres Haushalts vor dem aggressiven Hund, sollten Sie sofort einen Experten hinzuziehen. Hunde können Furcht bei Menschen und anderen Tieren spüren, und ein aggressiver Hund wird diesen schwachen Energiezustand ausnutzen. Auch wenn Ihr Hund Futteraggression zeigt, sollten Sie einen Experten zurate ziehen.

Gründe für Aggression

Aggression entsteht oft aus einer Kombination von Frustration und Dominanz. Mangelnde Bewegung kann einen Hund frustrieren, weil sich die Energie in ihm anstaut. Dominant wird ein Hund

Vor allem kräftige aggressive Hunde sind nur schwer zu kontrollieren.

bei fehlender Führungsstärke der Menschen in seiner Umgebung. Ein derart frustrierter, dominanter Hund versucht dann aggressiv die Kontrolle zu übernehmen. Ohne Regeln und Grenzen weiß er jedoch nicht, was er tun soll (siehe Seite 83ff). Das kann für den Hund sehr verwirrend und ängstigend sein, vor allem dann, wenn er normalerweise nicht die Führungsposition übernehmen würde – die meisten Hunde sind eben keine geborenen Rudelführer, sondern glücklich in der Position des Untergebenen.

Ein unbehandelter aggressiver Hund kann sich verheerend auf die ganze Familie auswirken. Ich habe Besitzer kennengelernt, die wie Einsiedler in ihrem eigenen Haus lebten und niemals Gäste empfingen oder ihren Kindern erlaubten, Freunde mitzubringen. In Familien mit mehreren Haustieren müssen diese immer voneinander getrennt bleiben; der aggressive Hund wird von einem Ort zum anderen gelotst und hinter verschlossenen Türen gehalten. Wird das Problem nicht angegangen, beißt er irgendwann jemanden, was wiederum die Furcht und Frustration der Menschen auf die Spitze treibt und den Hund in seiner Dominanz noch bestärkt. Nach dem zweiten Biss meinen die Besitzer allzu häufig, dass ihnen nur die Wahl zwischen Weggeben und Einschläfern bleibt. Für mich gehört das Lösen solcher Probleme daher zu den wichtigsten Aufgaben, weil Hunde damit unversehrt bei ihren Familien und Menschen bleiben.

Die Aggression überwinden

In den meisten Fällen liegen der Aggression dieselben Ursachen zugrunde, und daher ähneln sich auch die Lösungen. Einem aggressiven Hund gegenüber müssen sich alle Menschen im Haushalt als Rudelführer behaupten, der Hund braucht konsequente Regeln und Grenzen. Während der Behandlung müssen Sie Ihren Hund betrachten wie einen Menschen im Entzug – er hat ein Problem, das es zu lösen gilt, und bis er etwas ändert, bekommt er nicht dieselben Privilegien oder Freiheiten, die ein nicht aggressiver Hund bekäme. Das ist keine Bestrafung. Das ist Struktur, und sie wird Ihrem Hund während der Rehabilitation das Leben erleichtern. Insbesondere sollten Sie sehr zurückhaltend mit Zuneigungsbekundungen sein. Ihr Hund darf sie nur bekommen, wenn er ruhig und gefügig ist. Geben Sie Ihrem Hund *niemals* Zuwendung, wenn er aggressiv ist – das lehrt ihn nur, dass er Aggression einsetzen kann, um Zuwendung zu erhalten.

Stellen Sie Regeln und Grenzen auf. Wenn Ihr Hund normalerweise auf dem Sofa liegt, erklären Sie es vorerst zur Verbotszone und achten Sie darauf, dass er unten bleibt. Machen Sie sich keine Sorgen, wenn der Hund deswegen beleidigt ist. Hunde

Fallgeschichte

Teddy

Der neunjährige Labradormischling Teddy war ein typischer Fall. Seine Besitzer, Steve und Lisa Garelick, nahmen ihn als Welpen bei sich auf. Er war von Natur aus energiegeladen und zeigte sich aggressiv, da die Garelicks aber nicht von Anfang an Führungsstärke an den Tag legten, wurde seine Aggressivität gegenüber Menschen und anderen Tieren immer größer.

Sie tolerierten dies neun Jahre lang. Von der Geburt ihrer Tochter Sara an (bei meinem Besuch zweieinhalb Jahre alt) machten sie sich jedoch zunehmend Sorgen, dass der Hund das Kind beißen könnte. Interessanterweise jedoch war Sara der einzige Mensch, dem gegenüber Teddy keine Aggressionen zeigte. Die Garelicks hatten vor ihrer Geburt richtig gehandelt: Sie hatten Teddy auf den Neuankömmling vorbereitet und dem Hund dann deutlich gemacht, dass dieser neue Mensch in der Rangfolge über ihm stand. Ohne es zu wissen, hatten sie ihre Tochter zu Teddys Rudelführer erhoben, doch sie selbst schafften es nicht, diese Position einzunehmen.

Die Garelicks taten, was viele Menschen tun, wenn sich ihr Hund aggressiv verhält: Sie mieden Situationen, die zu Aggressionen führen konnten, statt sich mit dem Problem auseinanderzusetzen. Sie fürchteten, den Hund in solchen Situationen nicht mehr im Griff zu haben. Ich zeigte ihnen, dass ich Teddys Aggressivität kontrollieren konnte, indem ich ihn aus diesem Zustand hinausführte. Als ich ihnen beigebracht hatte, es genauso zu machen, ließen ihre Nervosität und Ängstlichkeit nach, ihr Selbstvertrauen stieg, und sie konnten den Weg zum erfolgreichen Rudelführer beschreiten. ∎

denken nicht so. Wahrscheinlich wird die neue Regel eher den Menschen Schwierigkeiten bereiten als dem Hund. Achten Sie darauf, dass der Hund niemals als Erster durch die Tür in ein anderes Zimmer geht. Er muss warten und darf erst nach den Menschen gehen. Will Ihr Hund Sie anführen, machen Sie an der Tür kehrt und gehen Sie in die andere Richtung. Wenn Sie genügend Zimmer haben, erklären Sie auch hier eins vorübergehend zur Verbotszone für den Hund. Alle Familienmitglieder müssen dem Hund konsequent verbieten, dieses Zimmer zu betreten.

Räumen Sie für die Dauer der Rehabilitation alle Spielzeuge und Kauknochen weg. So lernt der Hund, dass diese Dinge Ihnen gehören und dass er nur zu Ihren Bedingungen damit spielen darf. Häufig sieht ein Hund eine große Sammlung von Objekten als Zeichen seiner Macht; wenn diese Gegenstände überall herumliegen, kann sich das Problem noch verschärfen.

Lassen Sie nicht zu, dass der Hund Ihnen Befehle erteilt. Hunde versuchen oft, unsere Aufmerksamkeit zu erregen, indem sie uns anstupsen, ihren Kopf auf unseren Schoß legen oder an uns hochspringen. Wenn Ihr Hund so etwas tut, ignorieren Sie ihn. Sagen Sie nicht einmal «Nein!». Geben Sie ihm einfach keine Rückmeldung zu diesem Verhalten. Andernfalls hat Ihr Hund Ihnen nämlich gezeigt, was Sie tun sollen, und Sie haben es getan.

Ihre wichtigste Aufgabe im Rehabilitationsprozess besteht darin, dem Hund ausreichend Bewegung zu verschaffen, idealerweise mit langen Spaziergängen. Denken Sie daran, Aggression wird zum Teil durch überschüssige Energie verursacht, und diese Energie müssen Sie ableiten. Wenn Laufen allein für Ihren Hund nicht ausreicht, binden Sie ihm einen Rucksack um, damit er eine Aufgabe hat und mehr Energie verbraucht. Alternativ lassen Sie sich von ihm auf Inlineskates ziehen oder den Hund neben dem Fahrrad herlaufen. Allerdings sollte Ihnen ein Hundetrainer vorher zeigen, wie Sie dies gefahrlos bewerkstelligen.

Der andere wichtige Aspekt beim Gassigehen, vor allem bei Aggressionen, ist das Stärken der Rudelbindung und das Festigen der Führungsposition. In der Natur wandern Hunderudel gemeinsam, um Nahrung zu suchen und ihr Revier zu erkunden und zu verteidigen. Je weiter sie laufen, desto größer ist die Wahrscheinlichkeit, dass sie reichlich Nahrung und Wasser finden, und desto größer wird ihr Revier. Wenn Sie beim Gassigehen ruhige, entschlossene Energie ausstrahlen und die Führung übernehmen, sorgen Sie für die Rudelführerschaft und Anleitung, die ein aggressiver Hund braucht. Die Leine verschafft Ihnen zudem die ideale Möglichkeit, unerwünschte Verhaltensweisen zu korrigieren, bevor sie entstehen.

Als Rudeltiere geht es Hunden hauptsächlich darum, dass das Rudel gut funktioniert, und die meisten Hunde sind lieber Untergebene als Anführer. Aggression im Rudel ist unnatürlich, und dominantere Rudelmitglieder verweisen einen aggressiven Hund rasch auf seinen Platz. Wenn wir Hunde in unser Menschenrudel einführen, vergessen wir allzu häufig, ihre Bedürfnisse durch Führungsstärke zu erfüllen, und behandeln sie stattdessen wie eigene Kinder, indem wir ihnen unverdiente Zuwendung schenken. Ohne starke Führung werden Hunde in eine Rolle gedrängt, die sie weder ausfüllen wollen noch können, also gehen sie aus Frustration auf alles und jeden los. Aggression ist jedoch normalerweise kein unlösbares Problem, und Ihr Hund wird es Ihnen mit Loyalität und Zuneigung danken, wenn Sie ihm seinen angestammten Platz im Rudel zurückgeben.

 ## Fehlverhalten 3:
Ängstlichkeit

In der Tierwelt gibt es zwei natürliche Reaktionen auf Gefahr: Kampf oder Flucht. Mit dem Kampf haben wir uns schon im letzten Abschnitt beschäftigt, aber nicht alle Hunde reagieren so. Es ist ganz natürlich, wenn sich ein Hund vor etwas Bedrohlichem fürchtet; unnatürlich wird es, wenn Hunde extreme Furcht vor Dingen zeigen, die ihnen nichts anhaben können. Ängstliche Hunde legen verschiedene Verhaltensweisen an den Tag: Manche laufen beim ersten unerwarteten Reiz davon und verstecken sich, andere bleiben stehen und beben vor Angst. Nicht selten kommt es bei solchen Hunden zu unterwürfigem Urinieren oder Defäkieren, sodass die Situation auch für seine Umgebung unangenehm sein kann. Diese Hunde erschrecken sich irgendwann vor allem, von fallenden Gegenständen über Bewegungen bis hin zu Lichtreflexen in der Wasserschüssel.

Viele Hunde sind ängstlich und wollen instinktiv vor Neuem weglaufen und sich verstecken. Im Extremfall rennen sie nur noch mental davon. Kennen Sie den Ausdruck „gelähmt vor Furcht"? Das geschieht, wenn Tiere so viel Angst haben, dass sie ihre Fähigkeit einbüßen, ihren Körper zu steuern und aus Selbsterhaltung wegzulaufen. Der Geist läuft zuerst davon. In der Wildnis fallen solche ängstlichen Tiere recht bald einem Fressfeind zum Opfer.

Selbst ein vor Angst gelähmter Hund kann aber auch gefährlich sein, wenn er plötzlich mit dem letzten Funken Überlebenswillen zum Angriff übergeht. Ergreift man keine wirkungsvollen Gegenmaßnahmen, entwickeln manche Hunde Angstaggressionen, was sehr gefährlich werden kann, wenn Menschen den ängstlichen Hund bedauern und versuchen, ihn zu trösten.

Zu einem ängstlichen Hund eine gute Beziehung aufzubauen, ist schwierig bis unmöglich. Der Schlüssel zur Lösung heißt Vertrauen. Manchmal scheint alles in Ordnung zu sein, bis der Hund durch die falsche Bewegung eines Menschen wieder ins alte Muster zurückfällt. In solchen Fällen kann es extrem schwierig sein, Vertrauen aufzubauen. Darüber hinaus ist ein Zustand ständiger Angst ungesund, wenn nicht sogar tödlich für den Hund, weil er zu einer erhöhten Herzfrequenz, beschleunigter Atmung und einem ständig erhöhten Adrenalinpegel führt.

Gründe für Ängstlichkeit

Extreme Ängstlichkeit ist meist verknüpft mit einem geringen Selbstbewusstsein, was bei Hunden bedeutet, dass sie sich ihrer Position nicht sicher sind. Dies kann verschiedene Ursachen haben. Vielleicht wurden sie zu früh der Mutter weggenommen und haben daher nicht gelernt, die Welt zuerst über die Nase und dann über die Augen und die Ohren wahrzunehmen. Außerdem fehlt ihnen die Sozialisierung über das Füttern, Säubern und Korrigieren der Mutter. Auch Hunde, die früh misshandelt oder isoliert wurden, haben oft ein geringes Selbstbewusstsein. Da das Problem so tief im Leben des Hundes verwurzelt ist, dauert die Behandlung von Ängstlichkeit wesentlich länger als bei anderen Problemen wie Aggression. Bei aggressiven Hunden sehe ich meist schon in der ersten halben Stunde Ergebnisse. Bei ängstlichen Hunden kann das Monate dauern.

Die Ängstlichkeit überwinden

Das beste Rezept gegen das geringe Selbstbewusstsein eines Hundes ist die Macht des Rudels – in diesem Fall des Hunderudels. Strukturiertes Training mit anderen Hunden unterstützt die

Fallgeschichte

Luna

Einer der ängstlichsten Hunde, mit denen ich je gearbeitet habe, war Luna, ein anderthalbjähriger Labradormischling. Abel Delgado hatte sie von der Pasadena Humane Society zu sich geholt, weil sie ihn an ihn selbst als Junge erinnerte. Er erzählte, dass er in Los Angeles in einer großen Familie mexikanischer Immigranten aufgewachsen war und dass beide Eltern dauernd arbeiteten, also musste er sich um seine jüngeren Geschwister kümmern. Ständig machte er sich Sorgen darüber, was er tat oder tun sollte.

Heute ist Abel Musiklehrer, Dirigent und Flötist und arbeitet im Rahmen seiner gemeinnützigen Organisation mit Schulkindern. Er schaffte es, die Angstprobleme seiner Jugendzeit zu überwinden. Luna dagegen gelang das nicht so gut. Abel beschrieb, dass ihr alles Angst machte, was sich bewegte oder Geräusche von sich gab – im Prinzip also jedes Lebewesen. Alle Objekte mit Rädern – Fahrräder, Skateboards, LKW – versetzten sie beim Gassigehen in Panik, und sie rannte ohne jegliches Gefühl für die eigene Sicherheit davon.

Eines Tages ging Lunas Halsband kaputt, und sie rannte direkt auf die Straße, wo sie von einem Auto gestreift wurde und auf der anderen Straßenseite verschwand. Abel fand sie zum Glück unverletzt, doch es war klar, dass Lunas Problem die extremste Form von Ängstlichkeit war: Ihr Fluchtreflex war stärker als ihr Selbsterhaltungstrieb – sie floh aus einer Gefahr direkt in eine andere. Sie brauchte zwei ganze Monate im Dog Psychology Center, aber dann konnte sie zu Abel zurückkehren. Jetzt begleitet sie ihn sogar zur Arbeit und sitzt ruhig daneben, während er ein Schülerorchester dirigiert. ▪

Sozialisierung und liefert ängstlichen Hunden Vorbilder. Dazu müssen Sie mit einem Trainer arbeiten. Er hilft Ihnen auch dabei, die richtige Energie in sich selbst zu finden, und zeigt Ihnen, wie Sie sich beim Hundetraining gleichzeitig selbst trainieren.

Wird der ängstliche Hund langsam selbstbewusster, können Sie damit beginnen, ihn verschiedenen Reizen auszusetzen. Ein Laufband eignet sich ideal für dieses Training. Sobald sich der Hund auf dem Laufband wohlfühlt, können Sie Geräusche oder Gegenstände präsentieren, die seinen Fluchtreflex auslösen, mit dem Ziel, dass er darauf nicht mehr reagiert. Das funktioniert deswegen, weil sich das Hundehirn beim Laufen auf die Vorwärtsbewegung einstellt, das Gegenteil der Fluchtbewegung. So wird der Hund darauf konditioniert, den ehemals erschreckenden Reiz mit der Bewegung darauf zu assoziieren.

Nach einer Weile können Sie beginnen, den Hund in kleinen Schritten unterschiedlichen Situationen auszusetzen. Gehen Sie mit einem Freund oder Hundetrainer und einem anderen Hund dort spazieren, wo andere Hunde sind, dann dort, wo es andere Menschen gibt. Suchen Sie Orte mit ungewöhnlichen Geräuschen oder Gerüchen. Laufen Sie neben einem Fahrrad- oder Skaterweg. Mit ruhigen, entschlossenen Menschen und einem ausgeglichenen Hund an der Seite wird der ängstliche Hund in solchen Situationen langsam Selbstvertrauen aufbauen. Dies ist eine der wenigen Gelegenheiten, für die ich eine einziehbare Leine empfehle, allerdings nur gezielt und mit Bedacht – Sie ermutigen den ängstlichen Hund damit, sich von Ihnen wegzubewegen und die Gegend zu erkunden, und geben ihm gleichzeitig jederzeit die Möglichkeit, zu Ihnen zurückzukommen, falls er Angst bekommt oder Sie ihn zurückrufen.

Ängstliche Hunde machen sich oft gut im Agility-Training, weil sie dort klare Ziele gesteckt bekommen. Fangen Sie klein an, mit nur ein oder zwei Hindernissen, und erweitern Sie den Parcours nach und nach. Sie werden sehen: Mit jedem Erfolg wird das Selbstvertrauen Ihres Hundes wachsen.

Wenn Ihr Hund nur draußen ängstlich ist, können Sie diesem Verhalten über seinen Geruchssinn begegnen. Geben Sie vor positiven Ereignissen wie dem Füttern ein bis zwei Tropfen eines angenehmen Geruchs, etwa Lavendelöl, auf die Hand. Lassen Sie den Hund daran schnuppern, bis er sich an den Geruch gewöhnt hat. Verknüpfen Sie diesen Geruch dann auf dieselbe Weise mit dem Gassigehen, indem Sie sich ein paar Tropfen auf die Hand geben, bevor Sie die Leine nehmen. Falls Sie auf dem Spaziergang in eine Situation geraten, die Ihren Hund normalerweise in Panik versetzt, nehmen Sie das Duftöl heraus (bevor er in Panik gerät) und lenken Sie ihn anhand des Dufts und der angenehmen Assoziationen ab.

Schließlich gilt: Wenn Ihr Hund Angst zeigt, versuchen Sie nicht, ihn durch Zuwendung zu trösten. Bleiben Sie stattdessen ruhig und entschlossen und praktizieren Sie meine Technik „Nicht anfassen, nicht ansprechen, kein Blickkontakt". Im Gegensatz zu Menschen interpretieren Hunde Zuwendung als Bestätigung ihres Verhaltens und nicht als Versuch, sie zu „trösten". Wenn Sie also Ihren Hund streicheln und sagen: «Alles wird gut», sobald er in den Angstmodus schaltet, versteht er: «Dein Zustand ist gut. Ich gebe dir Zuwendung, weil du Angst zeigst.» Und dies verstärkt das unerwünschte Verhalten nur.

Furcht ist für Menschen wie Hunde ein starkes Gefühl, aber Hunde kennen nur zwei instinktive Reaktionen darauf: die Quelle angreifen oder vor ihr weglaufen. In einem Rudel gibt es Beschützer. Die anderen Hunde machen sich keine Gedanken darüber, ob sie Beschützer sein sollten, wenn Gefahr naht. Außerhalb des Rudels jedoch wissen Hunde manchmal nicht, welche Rolle ihnen zufällt. Wird diese Unsicherheit mit einem bedrohlichen Reiz kombiniert, kann der Hund in Panik geraten und dann das Vertrauen verlieren, jederzeit zu wissen, was zu tun ist. Doch auch wenn dieses Problem schwierig zu lösen ist, lässt sich selbst der schüchternste und ängstlichste Hund mit viel Geduld und den richtigen Hilfsmitteln rehabilitieren.

Fehlverhalten 4:
Angst vor lauten Geräuschen

Donner gehört zu den erschreckendsten Geräuschen der Natur. Jeder kennt das unheimliche Grollen bei einem Gewitter, vor dem sich sogar viele Menschen fürchten. Das Geräusch wirkt geradezu lebendig und kann ein herrliches Klangerlebnis sein, wenn Sie keine Angst davor haben und wissen, weshalb Donner entsteht.

Nicht selten haben auch Hunde große Angst vor lauten, unerwarteten Geräuschen. Neben Donner können beispielsweise ein Feuerwerk, Schüsse, Fehlzündungen oder jedes andere abrupte, laute Geräusch diese Reaktion hervorrufen. Es ist schlimm zu sehen, wie sich ein sonst ruhiger, glücklicher Hund bei einem Gewitter oder bei Feierlichkeiten mit Feuerwerk in ein nervöses Wrack verwandelt. Ist ein Hund erst einmal in diesem Zustand, lässt er sich leider oft nur schwer wieder beruhigen. Zuwendung richtet in diesem Fall gar nichts aus, außer den instabilen Zustand zu verstärken.

Gründe für die Angst vor lauten Geräuschen

Menschen wissen, dass Donner ein natürliches Phänomen ist. Bei vielen Tieren jedoch, auch bei Hunden, kann der plötzliche Krach Urängste wecken. Sie verknüpfen nicht den Blitz mit dem Knall. Für sie kommt das Geräusch von überall her, also können sie sich nirgendwo verstecken. Ebenso kommt der Donner von oben, aus der Richtung, aus der auch Raubtiere oft angreifen.

Angst vor lauten Geräuschen überwinden

Im Gegensatz zu anderen Problemen kann das Auflösen dieser Angst schwierig sein, weil die Geräusche entweder nicht vorhersagbar sind oder nur selten im Jahr auftreten. Sie können jedoch Vorkehrungen treffen, je früher, desto besser. Wenn Sie Ihren Hund jetzt schon auf zukünftige Feuerwerke vorbereiten, ersparen Sie sich viel Ärger und reduzieren auch Probleme mit anderen unerwarteten lauten Geräuschen.

Beginnen Sie damit, Ihren Hund langsam an Geräusche zu gewöhnen. Laden Sie die Klänge von Feuerwerk, Donner, Explosionen und Ähnlichem aus dem Internet herunter und spielen Sie sie leise ab, während Ihr Hund etwas Angenehmes tut, etwa Fressen oder Spielen. Erhöhen Sie die Lautstärke jeden Tag etwas, bis sich Ihr Hund von den Geräuschen nicht mehr ablenken lässt.

Wenn unerwartet ein Gewitter aufzieht, versuchen Sie, Ihren Hund währenddessen abzulenken. Machen Sie Gehorsamkeitsübungen mit ihm wie «Sitz!» und «Gib Pfötchen!» und belohnen Sie ihn mit Leckerchen. Schnallen Sie ihm einen Rucksack um oder stellen Sie ihn auf ein Laufband. Es geht darum, seine Aufmerksamkeit auf etwas anderes als den Donner zu lenken. Sie können auch seinen Geruchssinn nutzen, um ihn vom Geräusch abzulenken, indem Sie ihm angenehme Düfte wie Lavendel oder

Kiefer präsentieren. Falls erforderlich, nehmen Sie den Hund an die kurze Leine, auch im Haus. Das verhindert, dass er wegläuft, und hält ihn unter dem Einfluss Ihrer ruhigen, positiven Energie.

Denken Sie daran, dass Sie als Mensch einen Vorteil haben – Sie wissen anhand des Blitzes, dass der Donner kommt, und können ruhig und entschlossen bleiben, während Sie den Knall erwarten. Machen Sie mit Ihrem Hund ein Spiel daraus. Sagen Sie ihm: «Gleich kommt er, gleich kommt er», und wenn der Donner losbricht, freuen Sie sich mit dem Hund zusammen. Nach und nach assoziiert der Hund so den Krach mit Zuwendung, und Sie demonstrieren Furchtlosigkeit mit Ihrer positiven Energie.

Wenn Sie am Abend ein Feuerwerk erwarten, nehmen Sie Ihren Hund weit vor den Feierlichkeiten mit auf einen langen Spaziergang, um seine Energie abzuleiten. Wenn Sie normalerweise eine halbe Stunde mit ihm hinausgehen, laufen Sie stattdessen zwei Stunden mit ihm. Der Hund soll so erschöpft sein, dass er das Feuerwerk gar nicht mitbekommt. Sie können die Lautstärke auch mit einem Gehörschutz für Hunde dämpfen; oft reicht das, um den Fluchtreflex zu verhindern. Informieren Sie sich über die infrage kommenden Produkte im Fachhandel. Natürlich müssen Sie außerdem darauf achten, dass Ihr Hund stets eine Marke und idealerweise einen Mikrochip trägt, falls er aus Angst doch einmal wegrennen sollte.

Obwohl laute Geräusche auch in der Natur auftreten, reagieren viele Hunde darauf verängstigt und versuchen wegzulaufen, wenn sie können. Indem Sie jedoch die Energie Ihres Hundes ableiten, ihn ablenken oder ihn langsam an solche Geräusche gewöhnen, können Sie die negativen Reaktionen auf ein Minimum beschränken, bis aus einem Sommergewitter oder einem Feuerwerk eine ganz normale Geräuschkulisse wird.

Ungesicherte Zäune sind für Streuner eine unwiderstehliche Versuchung.

FEHLVERHALTEN 5:
Weglaufen

Einige Hunde laufen bei jeder Gelegenheit davon. Manchmal ergibt es sich einfach: Der Hund sieht ein offenes Tor und zieht auf eigene Faust los. Andere Hunde buddeln sich unter einem Zaun hindurch oder springen darüber. Und das kennt auch jeder: Auf der Hundewiese rennt jemand hektisch hinter seinem Hund her, weil er nach Hause will, der Hund aber auf Zuruf nicht kommt.

Es ist nicht ungefährlich, wenn ein Hund streunt. Er kann sich verirren oder im Straßenverkehr verletzt oder gar getötet werden. Möglicherweise wird er von anderen Menschen aufgegriffen,

FALLGESCHICHTE

Chula

Chula, eine zweijährige Shiba-Inu-Hündin, war ein klassisches Beispiel für einen Streuner. Wann immer die Haustür offen stand, schoss sie hinaus. Ihre Besitzer, Rita und Jack Stroud, machten sich große Sorgen, denn Chula rannte einfach los, ohne darauf zu achten, wohin sie lief. Wenn sie versuchten, sie einzufangen, machte Chula ein Spiel daraus und rannte noch weiter weg. Beim Gassigehen zog Chula an der Leine und wollte alles beschnüffeln oder jagen, was ihren Weg kreuzte. Zu Hause sprang sie von einem Möbelstück zum anderen und beanspruchte alle für sich.

Ich fand schnell heraus, dass Rita und Jack nur einmal pro Woche mit ihr Gassi gingen und dass sie ihr nicht verboten, auf die Möbel zu springen. Da der Shiba Inu ursprünglich als Jagdhund darauf gezüchtet wurde, kleine Beutetiere aufzustöbern, lagen Chulas natürliche Instinkte brach. Die Strouds gaben zu, dass sie sie verwöhnten: Chula kannte keine Disziplin und war die eigentliche Chefin im Haus. Alles im Haus gehörte zu ihrem Reich und ebenso alles draußen. Sobald die Strouds Regeln und Grenzen aufstellten, verbesserte sich Chulas Verhalten im Haus, und ihre Neigung zum Streunen ließ nach. Jetzt können die Strouds sogar die Haustür offen lassen, ohne dass Chula wegläuft. ▪

und ohne Marke oder Mikrochip kommt er vielleicht nie zu seiner richtigen Familie zurück. Hunde, die bei jeder Gelegenheit weglaufen, glauben wahrscheinlich, dass sie das Rudel anführen, sie lassen sich zu Hause nicht mehr kontrollieren oder disziplinieren.

Gründe für das Weglaufen

Wenn ein Hund aus seinem Zuhause wegläuft, liegt es wie bei so vielen Verhaltensproblemen an einer Kombination aus mangelnder Führungsstärke und mentaler Stimulation sowie überschüssiger Energie. Während Menschen zur Arbeit oder in die Schule gehen und den Hund zurücklassen, ist es in der Natur sehr ungewöhnlich, dass Rudelmitglieder die anderen verlassen und alleine fortgehen. Dafür gibt es keinen Grund. Wenn ein Hund etwas Jagdbares entdeckt, alarmiert er das Rudel, und alle Mitglieder begeben sich gemeinsam auf die Jagd.

Zwar kann jeder Hund zum Streuner werden, doch bestimmte Rassen – etwa Gebrauchshunde, Hetzhunde und Jagdhunde – neigen dazu, da sie ihre rassetypischen Jagdinstinkte ausleben.

Das Weglaufen überwinden

Das Kastrieren reduziert die Wanderlust beim Hund, vor allem bei Rüden. Wenn Sie Ihren Hund kastrieren lassen, solange er noch jung ist, eliminieren Sie damit die Hormonsignale, die dafür verantwortlich sind, dass er loszieht, um sich zu paaren oder ein neues Revier zu erschließen. Bei kastrierten Hunden ist auch die Wahrscheinlichkeit geringer, dass sie im Haus markieren, aggressiv oder in Kämpfe verwickelt werden.

Als Nächstes müssen Sie Grenzen festlegen und jeden Türdurchgang zu einer unsichtbaren Barriere erheben. Dazu müssen die Menschen im Haus diese Durchgänge als Besitz deklarieren und den Hund so trainieren, dass er die Durchgänge nicht ohne Erlaubnis passiert. Der Beginn der täglichen Spaziergänge eignet sich ideal für dieses Training. Zuerst muss der Hund ruhig und gefügig sein und still dasitzen, bevor Sie ihm die Leine anlegen. Führen Sie ihn dann zur Tür und öffnen Sie sie, erlauben Sie dem

Hund jedoch nicht, hinauszugehen. Lassen Sie ihn vor der offenen Tür sitzen und warten. Sie gehen zuerst hinaus. Der Hund darf Ihnen erst folgen, wenn Sie ihm ein deutliches Zeichen geben. Bei der Rückkehr wiederholen Sie die Prozedur. Öffnen Sie die Tür, aber erlauben Sie dem Hund nicht, als Erster hindurchzugehen. Führen Sie diese Übung konsequent bei jedem Gassigehen durch und lassen Sie den Hund jedes Mal unterschiedlich lang warten, bevor er hinein- bzw. hinausgeht. Lassen Sie ihn vor allem am Anfang so lange sitzen, bis er keine Bewegungen in Richtung Tür mehr macht und sich ganz auf Sie konzentriert.

Beim Gassigehen selbst halten Sie den Hund eng an Ihrer Seite und seinen Kopf mithilfe einer kurzen Leine oben. Erlauben Sie ihm anfangs nicht, Dinge auf dem Boden zu beschnüffeln oder zu untersuchen. Sie gehen immer weiter voran, und Ihr Hund folgt Ihnen. Wenn Sie eine Weile mit dem Hund an Ihrer Seite laufen können, ohne dass er an der Leine zieht, können Sie ihm zur Belohnung das Schnüffeln am Boden kurz erlauben, bevor Sie sich wieder mit dem Hund an Ihrer Seite vorwärtsbewegen.

Auch auf dem Spaziergang sollten Sie Grenzen abstecken, vor allem beim Überqueren von Straßen. Bleiben Sie am Bordstein stehen und lassen Sie den Hund neben sich warten, bis er ruhig ist und möglichst sitzt. Er darf die Straße erst überqueren, wenn Sie ihm die Erlaubnis dazu geben; erst wenn Sie hinübergehen, darf er Ihnen an Ihrer Seite folgen. Am Anfang braucht Ihr Hund vielleicht ein paar Versuche, bis er den Bordstein erkennt und anhält, doch wenn Sie konsequent bei jeder Straßenüberquerung üben, bleibt er irgendwann auch ohne Kommando stehen und erkennt damit Ihre Grenze an.

Gleichzeitig sollten Sie mit Ihrem Hund ein Rückruftraining absolvieren, also ein Kommando einüben, auf das er zu Ihnen zurückkehrt. Dies mindert die Tendenz des Hundes, das Weglaufen zu einem Fangspiel ausarten zu lassen. Für diese Übung brauchen Sie eine lange Leine. Bewegen Sie sich möglichst weit weg vom Hund und rufen Sie ihn. Wenn er nicht kommt, holen Sie die Leine ein, dann entfernen Sie sich wieder und wiederholen das Ganze. Kommt der Hund, wenn Sie ihn rufen, belohnen Sie ihn mit Zuwendung oder einem Leckerchen.

Beherrscht der Hund schließlich das Warten vor der offenen Tür, trainieren Sie mit ihm, draußen vor der Tür zu warten. Auch für diese Übung eignet sich eine lange Leine. Lassen Sie den Hund vor der Tür sitzen und entfernen Sie sich. Wenn er sich von seinem Platz wegbewegt, korrigieren Sie ihn und lassen ihn zurückgehen. Setzen Sie die Übung so lange wie nötig fort, bis der Hund an seinem Platz bleibt.

Verstärken Sie dieses Warteverhalten bei jeder Gelegenheit. Wenn Sie den Hund an einen fremden Ort mit einer Tür oder einem Tor mitnehmen, lassen Sie ihn dort warten. Dasselbe sollten Sie auch mit dem Auto üben und ihn erst ein- und aussteigen lassen, wenn Sie die Erlaubnis geben.

Wenn Sie sich wegen Ihres streunenden Hundes Sorgen machen, ist ein GPS-Tracker eine lohnende Investition. Er wird wie ein Halsband umgelegt und enthält ein Ortungsgerät und einen drahtlosen Sender. Wenn Ihr Hund einen festgelegten Bereich verlässt, wird das Gerät aktiviert und sendet ein Signal an Ihr Smartphone oder Ihren Computer. So sehen Sie immer, wo sich Ihr Hund gerade befindet.

Als Rudeltiere mit Territorialinstinkt neigen Hunde von Natur aus eigentlich nicht dazu, von zu Hause wegzulaufen. Ohne ausreichend Bewegung, Disziplin, mentale Stimulation oder Regeln kann jedoch jeder Hund aus reiner Langeweile zum Streuner werden und woanders nach etwas Interessanterem suchen. Wenn Sie jedoch stets die Bedürfnisse Ihres Hundes erfüllen und darauf achten, dass er ausgeglichen und ausgelastet ist, hat er keinen Grund, wegzulaufen. Die strengen Regeln und Grenzen beim Betreten und Verlassen des Hauses wirken zudem der Tendenz entgegen, offene Türen als Fluchtchance zu begreifen.

Fehlverhalten 6:
Obsessionen

Bei Hunden verlaufen Obsessionen anders als beim Menschen. Bei einem Menschen sprechen wir häufig von einer Obsession, wenn er ein besonders ausgeprägtes Interesse für ein Hobby, einen Filmstar oder eine Sportmannschaft zeigt. Nur in Extremfällen schränken solche Obsessionen einen Menschen im täglichen Leben ein. Hunde jedoch reflektieren ihr Verhalten nicht, und so behindern ihre Obsessionen sie und ihre Besitzer oft sehr wohl im Alltag.

Beim Hund sprechen wir von einer Obsession, wenn er auf ein bestimmtes Verhalten fixiert ist und in einem mentalen Zustand verharrt, in dem er sich allein darauf konzentrieren kann. Obsessives Verhalten kann viele Formen annehmen: Jagen von Schatten, Lichtern oder Spiegelungen, ständiges Bewegen im Kreis oder Belecken oder Bekauen des eigenen Körpers ohne körperliche Ursachen wie Hauterkrankungen oder Wunden. Wenn Hunde diese Stufe der Obsession erreichen, kann es sehr schwierig sein, sie daraus zu befreien.

Gründe für Obsessionen

Es gibt zwei Hauptgründe für Obsessionen bei Hunden. Der eine ist überschüssige Energie, die der Hund loswerden muss. In diesem Fall führt er das Verhalten aus, bis er erschöpft ist. Solche Obsessionen lassen sich am einfachsten korrigieren. Die zweite und komplexere Ursache ist Unsicherheit, die sich nach einem Trauma oder einem panikauslösenden Erlebnis vor allem in jungen Jahren entwickeln kann. Wenn Hunde unsicheres obsessives Verhalten zeigen, dann teilen sie uns mit, dass ihnen ein starker Anführer fehlt und sie sich deshalb auf ungesunde Weise auf etwas konzentrieren, das ihnen ein falsches Gefühl von Sicherheit verschafft.

Manchmal kann Unsicherheit zu überschüssiger Energie führen und den Obsessionskreislauf damit anheizen. Wenn sich ein Hund ständig in Alarmbereitschaft befindet, entsteht zusätzliche Energie wie nach dem Genuss von Koffein – der Hund ist immer unruhig, immer auf der Suche nach einem Objekt der Obsession. So schaukeln sich Hunde, die aus Unsicherheit Obsessionen entwickeln, oft in einen Energieüberschuss hinein, was zu einer Feedbackschleife führt: Unsicherheit heizt die Obsession an, die zu einem Zustand erhöhter Unruhe führt, der zusätzliche Energie erzeugt, die die Obsession anheizt usw.

Bei heißem Wetter kann dieser Kreislauf tatsächlich gefährlich werden, weil der Hund überhitzt. Ein ungesunder mentaler Zustand kann auf diese Weise zu einer ernsten physischen Gefahr werden – doch auch für dieses Problem gibt es Lösungen.

Fallgeschichte

Brooks

Warum führt Unsicherheit zu Obsessionen? Das Schlüsselwort heißt Kontrolle. Wenn Hunden etwas Angst gemacht hat, über das sie keine Kontrolle hatten, können sie Neurosen entwickeln: Sie suchen sich etwas, das sie kontrollieren können oder das zumindest nicht angreifen kann. Genau das war bei Brooks der Fall, einem fünfjährigen Entlebucher Sennenhund, der jedes Licht und jede Spiegelung jagte und dabei häufig Menschen und Möbel umrannte oder an Wände stieß.

Als ich Brooks' Besitzer Lorain und Chuck Nicholson kennenlernte, fand ich bald die Ursache für das Problem. Als Welpe hatte Brooks erst große Angst gehabt, weil er zu schnell einem Nachbarhund vorgestellt wurde, und war dann von einem Auto erschreckt worden, das rückwärts aus einer Einfahrt fuhr. Er wurde scheu und ängstlich, bis Lorains Schwager einmal mit ihm „Fang den Laserpointer-Lichtpunkt" spielte. Brooks gefiel das Spiel etwas zu gut.

Nachdem er von großen Dingen jenseits seines Einflusses so erschreckt worden war, hatte er nun etwas Kleines und Harmloses entdeckt. Das Licht verführte ihn zum Jagen, weil er gelernt hatte, dass er dabei die Kontrolle übernehmen und dominant sein konnte. War kein Laserlicht da, suchte er danach und jagte obsessiv alles Ähnliche, selbst Lichtreflexe auf dem glänzenden Holzboden. Brooks reagierte fast sofort auf die Umleitung seiner Obsession, als ich mit ihm zu arbeiten begann, und die Nicholsons konnten das Problem durch ein bis zwei Monate konsequenter Korrektur und durch das Aufstellen von Regeln und Grenzen beheben. ▪

OBSESSIONEN ÜBERWINDEN

Damit Ihr Hund wieder ins Gleichgewicht kommt, müssen Sie zunächst den Grund für sein Verhalten herausfinden. Ist er unsicher, hat er zu viel Energie oder ist es eine Kombination aus beidem? Haben Sie überschüssige Energie im Verdacht, achten Sie darauf, dass Ihr Hund beim Gassigehen viel Bewegung bekommt. Leiten Sie seine Aufmerksamkeit bei jedem Anzeichen von obsessivem Verhalten in einen ruhigen, gefügigen Zustand über. Hunde, die ständig im Garten buddeln, sind meist frustriert, weil sie nicht genügend Bewegung bekommen. Wenn Ihr Hund sehr kräftig ist und beim Gassigehen mehr Ausdauer hat als Sie, schnallen Sie ihm einen Rucksack um oder lassen sie ihn neben dem Fahrrad herlaufen. Auch mentale Stimulationen können von einer Obsession ablenken, etwa ein Spielzeug mit Leckerchen darin.

Um einen obsessiven Hund zu rehabilitieren, müssen Sie ihn aus dem obsessiven Geisteszustand lösen, bevor er ganz hineinrutscht. Am besten beginnen Sie damit beim Gassigehen. Sie brauchen dazu eine kurze Leine und ein Korrekturhalsband, das hoch am Hals sitzt. Korrigieren Sie den Hund darüber mit einem kurzen, sanften Ruck, sobald er Anzeichen für ein Abgleiten in den obsessiven Zustand zeigt. Wenn der Ruck zu früh oder zu spät kommt, funktioniert die Technik nicht. Das richtige Timing ist hier das A und O. Da die Anwendung eines Korrekturhalsbands nicht ganz einfach ist, sollten Sie sich die richtige Handhabung von einem Hundetrainer zeigen lassen.

Bei Obsessionen, die mit dem Jagdverhalten zu tun haben, sucht der Hund den Boden mit den Augen ab. Deshalb müssen Sie seinen Kopf möglichst oben halten, damit er den Blick nach vorn richtet und sich mit Ihnen vorwärtsbewegt. Sobald er versucht, den Kopf zu senken oder sich umzusehen, korrigieren Sie ihn. Es ist wichtig, dass Sie dies sofort tun, wenn Sie spüren, dass Ihr Hund in den unerwünschten mentalen Zustand gerät. Auch hier gilt: Führen Sie die Korrektur konsequent durch.

Zuerst wird Ihr Hund vielleicht versuchen zu „gewinnen", indem er stur bleibt. Geben Sie nicht nach. Behalten Sie stets Ihre ruhige, entschlossene Energie bei und denken Sie daran: Ihr Hund nimmt es Ihnen nicht übel, wenn Sie Führungsstärke zeigen. Ein unsicherer Hund wird es Ihnen sogar danken, denn genau das braucht er. Wenden Sie diese Technik beim Gassigehen so lange an, bis Sie keine Korrektur mehr brauchen.

Gleichzeitig gehen Sie auch zu Hause auf ähnliche Weise gegen die Obsession an. Führen Sie den Hund mit demselben Halsband an der Leine an die Stellen im Haus, an denen er in sein obsessives Verhalten verfällt, und korrigieren Sie ihn auch hier wieder sofort, wenn das geschieht. Diese Prozedur müssen Sie in jedem Raum durchführen, den der Hund betreten darf, um ihm zu zeigen, dass das Verhalten auch dann nicht erlaubt ist, wenn er sich zum Beispiel in der Küche aufhält.

Schließlich sollte sich die Aufmerksamkeit des Hundes statt auf die Obsession auf Sie richten, und er sollte eine ruhige und gefügige Energie ausstrahlen. Dann können Sie ihn mit Lob, Leckerchen oder einer anderen positiven Verstärkung belohnen.

Fehlverhalten 7:
Horten

Manche Hunde horten Futter, Spielzeuge oder Leckerchen, indem sie sie im Haus „vergraben" (etwa unter der Bettdecke oder den Sofakissen) oder in Ecken, Schränken und an anderen entlegen Stellen verstecken. Nicht wenige Hundehalter finden Trockenfutter unter dem Kissen, wenn sie ins Bett gehen, oder fegen beim Hausputz „verlorene" Spielzeuge unter dem Bett hervor.

Erlaubt man dem Hund dieses Verhalten, kann er sehr besitzergreifend werden und seine Schätze aggressiv vor jedem verteidigen, der ihnen zu nahe kommt. Auch in hygienischer Hinsicht kann das Horten zum Problem werden, falls Ihr Hund Nass- oder Rohfutter oder ungesäuberte Knochen bekommt. Wie unangenehm, wenn sich ein nicht näher identifizierbarer Geruch im Haus verbreitet und Sie Monate später in einem Schrank ein Häufchen Nassfutter finden!

Das Hausinnere ist zwar kein Wald mit weichem Boden, doch ein Hund nimmt das anders wahr. Ein Sofakissen kann sich für ihn anfühlen wie Erde, ebenso ein Teppich. Ein Hund findet nichts dabei, Polster aufzureißen. Es kümmert ihn nicht, ob es sich um ein 3000-Euro-Designersofa oder um ein 300-Euro-Schnäppchen handelt. In diesem Augenblick gibt er nur einem natürlichen Instinkt nach – dem Vergraben. Ein Hund kann eine Auslegeware stark beschädigen, aber er kann sich daran auch seine Nase verletzen, wenn er versucht, sie herauszureißen.

Gründe für das Horten

Das Horten ist ein evolutionäres Überbleibsel und beruht auf dem Verhalten wilder Hunde. In der Wildnis gibt es keine sicheren Nahrungsquellen. Manchmal findet ein Rudel wenig bis gar keine Nahrung, manchmal hat es Glück und schwelgt im Überfluss. Es war also ganz natürlich für das Rudel, überschüssige

Nahrung zu verstecken – für den Fall, dass die Jagd einmal nicht erfolgreich war. Meist wurde sie vergraben.

Unsere modernen Haushunde kennen in der Regel keine unregelmäßige Futterversorgung. Wir füttern sie täglich, doch das angeborene Bedürfnis, für schlechte Zeiten Futter beiseitezuschaffen, kann manche Hunde dazu bringen, den Überschuss einzulagern. Gerade weil es immer ausreichend Futter gibt, verstecken manche Hunde sogar einen Teil des Futters, bevor sie zu fressen beginnen, indem sie etwas davon in die Schnauze nehmen und damit in ein anderes Zimmer laufen. Sie tun das nicht, weil sie beim Fressen nicht gern beobachtet werden, sondern um den gefühlten Überschuss zu beschützen.

Das Horten überwinden

Um dem Horten von Spielzeugen entgegenzuwirken, müssen Sie sie unter Ihre Kontrolle bringen. Ähnlich wie beim aggressiven Hund sammeln Sie die Spielzeuge ein, die Ihr Hund hortet, und lagern sie außerhalb seiner Reichweite. Geben Sie ihm immer nur ein oder zwei Spielzeuge – mehr braucht er ohnehin nicht gleichzeitig. Ohne den Überschuss konzentriert er sich auf das Spielzeug vor seiner Nase und wird dem Drang widerstehen, es zu verstecken, weil er dann ja keines mehr hat.

Das Problem des Futterhortens lässt sich am besten durch Kontrolle der Mahlzeiten angehen. Gehen Sie vorher stets mit dem Hund ausgiebig spazieren, damit er sich sein Futter erarbeiten kann. Bereiten Sie direkt nach der Rückkehr das Futter zu und lassen Sie den Hund sitzen und warten, bevor Sie seine Schüssel füllen. Wenn er still sitzt und ruhige, gefügige Energie ausstrahlt, stellen Sie die Schüssel vor ihn hin. Wenn er aufhört zu fressen und sich von der Schüssel entfernt, ist die Mahlzeit beendet. Nehmen Sie die Schüssel weg und füttern Sie ihn erst wieder, nachdem Sie alle Schritte wiederholt haben. So gerät er nicht in Versuchung, später zurückzukommen und den Überschuss zu verstecken. Er erhält immer ausreichend Futter, aber nie so viel, dass er etwas für schlechte Zeiten aufheben kann.

Horten gehört zu den Verhaltensproblemen, bei denen die ältesten Instinkte des Hundes mit der modernen Welt kollidieren. Ironischerweise kann die Versorgung mit reichlich Nahrung in unseren Hunden ein Verhalten wie zu Hungerzeiten auslösen, weil Hunde im Augenblick leben. Sie erinnern sich nicht daran, dass sie gestern eine große Schüssel Futter bekommen haben, und sie wissen auch nicht, dass es morgen wieder so sein wird. Stattdessen sehen sie eine große Schüssel mit Futter vor sich und erkennen die Gelegenheit, später nicht hungern zu müssen, wenn sie jetzt aufheben, was sie nicht fressen. Wenn Sie die Kontrolle über die Fressregeln übernehmen, verschwindet das unerwünschte Verhalten. Außerdem wird ihr Hund so auch nicht zu dick. Sie schlagen zwei Fliegen mit einer Klappe!

Fehlverhalten 8:
Übermäßiges Bellen

Hunde bellen. Das Bellen gehört zu ihrer Kommunikation und hat viele Ursachen und Bedeutungen. Manchmal ist es einfach nur eine Reaktion auf einen plötzlichen Reiz wie den Postboten an der Tür, es kann aber auch ein Alarmruf sein. Im Rudel kommunizieren Hunde normalerweise nicht durch Bellen untereinander. Wenn ein Rudel zu bellen beginnt, reagiert vielmehr die ganze Gruppe auf einen Reiz oder eine Bedrohung von außen.

Ein Hund sollte niemals ganz am Bellen gehindert werden, denn zur richtigen Zeit und am richtigen Ort ist das ein sehr nützliches Verhalten. Ich habe schon einige Polizisten sagen hören, dass ein Hund mit einem tiefen, aggressiv klingenden Bellen die beste Alarmanlage ist. Hunde warnen mit ihrem Bellen auch Menschen vor anderen Gefahren, etwa vor Hausbränden, und manche Assistenzhunde zeigen ihren Besitzern durch Bellen gesundheitliche Probleme an wie einen bevorstehenden epileptischen Anfall oder einen niedrigen Blutzuckerspiegel.

Dies alles sind Beispiele für das Bellen zur richtigen Zeit am richtigen Ort. Doch unser Hund sollte nicht ständig ohne erkennbaren Grund bellen, und er sollte nach einem plausiblen Auslöser auch von selbst aufhören. Übermäßiges Bellen kann seine Stimmbänder schädigen und Streit mit den Nachbarn verursachen, die zu Geldstrafen oder der Beschlagnahmung des Hundes führen.

Gründe für das übermässige Bellen

Nimmt das Bellen überhand, so lässt sich das meist auf angestaute Energie, Frustration, Trennungsangst oder Langeweile zurückführen. Mit seinem obsessiven Bellen macht der Hund immer wieder deutlich: «Meine Bedürfnisse werden nicht berücksichtigt.» Sie müssen nur herausfinden, um welche Bedürfnisse es sich handelt, um diese dann zuverlässig zu erfüllen.

Das übermässige Bellen überwinden

Betrachten Sie zunächst die Situation, in der das Bellen auftritt. Bellt Ihr Hund ununterbrochen, solange Sie nicht zu Hause sind,

Fallgeschichte

Kuma

Einmal bat mich Jason Zulauf, ein Darsteller der Show *KÀ* des Cirque du Soleil in Las Vegas, um Hilfe bei einem typischen Fall von übermäßigem Bellen. Seine American-Eskimo-Hündin Kuma bellte alles und jeden an, vor allem Besucher, und hörte erst auf, wenn sie erschöpft war. Jason beschrieb seine Figur in der Show als einen etwas tollpatschigen, aber liebenswerten Clown, eine überzeichnete Version seiner selbst. Leider nahm er diese Figur und ihre Energie mit nach Hause und überließ es Kuma, die unbesetzte Führungsrolle zu übernehmen. Ich zeigte Jason, wie er mit ruhiger, entschlossener Energie seinen Raum beanspruchen sollte, vor allem um die Haustür herum. Er hatte Kuma außerdem nicht genug Bewegung verschafft, was zugegebenermaßen in Vegas mit seinem extremen Klima im Sommer auch nicht ganz einfach ist. Jason und Kuma machten Fortschritte. Einige Monate später war sie zwar noch nicht komplett rehabilitiert, doch ihr Bellen war auf ein Minimum reduziert. ▪

---

könnte das ein Zeichen von Trennungsangst sein, die ich im nächsten Abschnitt bespreche. Um das Bellen zu reduzieren oder abzustellen, müssen Sie mithilfe der Erfüllungsformel (siehe Kapitel 8) dafür sorgen, dass der Hund ausgeglichen ist: Bewegung, Disziplin und Zuwendung – in dieser Reihenfolge. Verschaffen Sie ihm ausreichend Bewegung, bevor Sie das Haus verlassen, weisen Sie ihm für die Zeit Ihrer Abwesenheit einen Platz zu und geben Sie ihm Zuwendung, wenn Sie zurück sind.

Bellt der Hund in Ihrer Anwesenheit, können Sie noch einiges mehr tun, um das Problem zu lösen. Vor allem müssen Sie ruhig bleiben, während Sie ihn korrigieren. Oft sehe ich einen Besitzer seinen Hund korrigieren, indem er laut «NEIN!» brüllt. Vor allem beim Bellen bringt das gar nichts. Warum? Weil ein bereits erregter Hund darin keine Korrektur hört, sondern vielmehr, dass Sie in sein Bellen einstimmen, indem Sie selbst ein lautes Geräusch von sich geben. So verstärken Sie das Verhalten nur.

Korrigieren Sie Ihren Hund zunächst mit einem Blick, einem Geräusch wie «Tsch!» oder einer Berührung. Solange er weiterbellt, korrigieren Sie ihn weiter, bleiben Sie jedoch ruhig und entschlossen. Sie erzielen bessere Ergebnisse mit einem sehr leisen, deutlich an den Hund gerichteten «Nein», weil dieser Laut einem warnenden Knurren ähnlicher ist als einem lauten Bellen und Sie damit keine aufgeregte Energie vermitteln.

Wenn der Hund auch nach den Korrekturen auf denselben Reiz hin weiterbellt, beanspruchen Sie diesen Reiz für sich. Mit anderen Worten, setzen Sie Ihre Energie, Körpersprache und Entschlossenheit ein, um die Konzentration des Hundes vom Auslöser des Bellens abzulenken und damit eine Barriere zwischen ihm und dem Auslöser zu schaffen. Indem Sie Ihre Aufmerksamkeit vom Auslöser abwenden, machen Sie dem Hund außerdem deutlich, dass Sie sich dafür nicht interessieren.

Der Auslöser des Bellens liefert auch einen wichtigen Hinweis auf den mentalen Zustand Ihres Hundes. Bellt er am anderen Ende des Gartens unablässig die Nachbarn an, dann findet er Erfüllung in dem, was dort passiert, zu Hause dagegen nicht. Er sucht nach Reizen und einer Herausforderung und findet beides woanders. Auch hier müssen Sie sicherstellen, dass er beim Gassigehen ausreichend Bewegung bekommt und zu Hause genügend interessante Reize vorfindet, damit er nicht woanders danach suchen muss. Wenn Sie es partout nicht schaffen, das übermäßige Bellen selbst einzudämmen, wenden Sie sich am besten an einen Hundetrainer.

Fehlverhalten 9:
Trennungsangst

In der Wildnis entfernen sich Rudelmitglieder nicht vom Rudel; für Hunde ist es daher unnatürlich, wenn ihre Besitzer das Haus verlassen. Viele reagieren darauf mit leichten Angstsymptomen, aber es eskaliert nicht, und sie beschäftigen sich selbst, bis ihr Rudel zurückkehrt. Für manche Hunde ist die Abwesenheit ihrer Besitzer aber zu viel, und sie entwickeln Trennungsängste, die in schweren Fällen schon beim Verlassen des Zimmers einsetzen.

Trennungsangst zeigt sich in Symptomen wie starkem Speichelfluss, Winseln, Bellen, zerstörerischem Verhalten, Fluchtversuchen, Absetzen von Kot oder Urin im Haus oder in der Hundebox oder Kratzen an Wänden oder Türen. In Extremfällen springen Hunde gar aus dem Fenster.

Trennungsängste müssen behandelt werden, sobald Sie sie erkennen, nur so wenden Sie Schaden von Ihrem Heim und Ihrem Hund ab. Ein Hund kann in diesem Zustand Möbel, Schuhe, Kleidung, Computer und mehr zerstören. Manchmal beschädigt er Wände, Türen und Böden und zerbricht Fensterscheiben. Bei panischen Fluchtversuchen kann er sich verletzen, und schließlich kann unaufhörliches Winseln oder Bellen zu Beschwerden der Nachbarn und einem Besuch des Ordnungsamts führen. Mancherorts werden ruhestörende Hunde beschlagnahmt.

Trennungsangst ist mehr als reines Vermissen.

Gründe für Trennungsangst

Trennungsangst entsteht, wenn ein Hund über überschüssige Energie verfügt und nicht angeleitet wurde, wie er sich ohne Besitzer verhalten soll. Wenn das Rudel also fortgeht, unternimmt er alles, um es zurückzurufen oder ihm zu folgen. Die Trennungsangst kann noch verstärkt werden, wenn die Menschen ihm beim Weggehen Zuwendung geben, statt ihn zu disziplinieren. Wenn er sich bereits in einem labilen Zustand befindet, verstärkt Zuwendung die negative Energie noch. So vermitteln Sie dem Hund die Botschaft «Bleib ängstlich, das ist etwas Gutes». Ihr Hund ist nicht beleidigt, wenn Sie sich nicht verabschieden. Wenn zwei Hunde zusammenkommen, beenden sie das Treffen, indem sie sich einfach voneinander abwenden und jeder seiner Wege geht. Für Hunde ist das völlig normal.

Die Trennungsangst überwinden

Am besten wirkt gegen die Trennungsangst das Ableiten der Energie, die Ihr Hund dafür aufwendet. Wenn er morgens aufwacht, liegt sein Energieniveau bei 10. Ihr Ziel besteht darin, es mit ausgiebiger Bewegung auf 0 zu bringen, bevor Sie das Haus verlassen. Wenn sein Energievorrat erschöpft ist, versteht er das als Zeichen zum Ausruhen.

Sie können den Hund vorbereiten, indem Sie ihm beibringen, auf „seinen Platz" zu gehen, nämlich ins Körbchen oder in die Hundebox, und sich dann entfernen. Das Ziel ist, dass Sie den Raum verlassen können, ohne dass er sich von seinem Platz wegbewegt. Beginnen Sie mit etwa einer Minute und steigern Sie den Zeitraum langsam. Wenn der Hund 15 Minuten ruhig auf seinem Platz bleibt, verlassen Sie das Haus und steigern Sie die Dauer Ihrer Abwesenheit wieder langsam. Beginnen Sie mit fünf Minuten und gehen Sie dann zu 10, 15 und 30 Minuten über.

Möglicherweise ist der Hund bei Ihrer Rückkehr nicht mehr an seinem Platz. Wenn Sie diesen aber mit Ihrer Abwesenheit verknüpft haben, verlässt der Hund ihn nicht, um Sie zu suchen, sondern um einem Geräusch nachzugehen, Wasser zu trinken oder einfach die Glieder zu strecken, und kehrt anschließend wieder dorthin zurück.

Wenn Sie das Haus für längere Zeit verlassen, verabschieden Sie sich lange vor dem Aufbruch vom Hund. Wenn er ruhig und gefügig ist und sich ausgetobt hat, können Sie ihm Zuwendung geben und ihm sagen, dass Sie ihn vermissen werden. Natürlich tun Sie das eher für sich als für ihn. Wie gesagt, Hunde verabschieden sich in der Natur nicht voneinander. Wenn Sie getan haben, was nötig war, damit Sie sich besser fühlen, machen Sie sich ausgehbereit und halten Sie sich dabei an den Grundsatz

Fallgeschichte

Fella

Einmal wurde ich zu Hilfe gerufen, weil die Trennungsangst eines Hundes im wahrsten Sinne des Wortes die Lebenssituation seiner Familie gefährdete. Nachdem Nachbarn sich mehrmals über das unaufhörliche Winseln beschwert hatten, standen Cindy Steiner und ihre Tochter Sydney kurz vor der Räumung. Ihr Hund, ein anderthalbjähriger Terriermischling namens Fella, zeigte extreme Trennungsängste, sobald er alleingelassen wurde. Er verhielt sich auch anderen Hunden gegenüber aggressiv und demonstrierte Beschützerverhalten, wenn Cindy ihn auf dem Arm hatte, indem er jeden anknurrte, der sich ihr näherte, und nach ihm schnappte. Zum Glück konnten Cindy und Sydney Fella mithilfe der beschriebenen Techniken beibringen, in den Ruhemodus zu schalten, bevor sie die Wohnung verließen, und ich zeigte ihnen, wie sie eine Hundebox für ihn zum sicheren Ort machen konnten. Es dauerte fast vier Wochen, bis Fella rehabilitiert war, aber sie leben noch heute in ihrer Wohnung. ▪

„Nicht anfassen, nicht ansprechen, kein Blickkontakt". Wenn Sie keinen großen Wirbel um den Aufbruch machen, wird Ihr Hund das auch nicht tun.

In der Natur sind Hunde selten vom Rudel getrennt, daher kann die Trennung vom Menschen ein Stressfaktor sein. Es ist unsere Aufgabe, die Energie zu verringern, die die Trennungsangst antreibt, und einen sicheren Platz für unseren Hund zu schaffen, an dem er sich während unserer Abwesenheit aufhalten kann. Denken Sie bei der Anwendung dieser Tipps daran, immer ruhige, entschlossene Energie auszustrahlen. Das gibt dem Hund Selbstvertrauen und hilft ihm, seine Ängste abzubauen.

Fehlverhalten 10:
Unerwünschtes Kauen

Kauen ist ein normales Verhalten für Hunde und sollte mit den richtigen Gegenständen sogar unterstützt werden. Es stärkt und reinigt die Zähne, liefert Ihrem Hund eine mentale Herausforderung und lindert bei Welpen Zahnungsschmerzen beim Übergang vom Milchgebiss zum bleibenden Gebiss.

Wenn Hunde jedoch ihre Zähne immer wieder in die falschen Gegenstände schlagen, kann das für Hundehalter zu einem großen Problem werden. Vielleicht kennen Sie das: Sie kommen nach Hause, und Ihre Lieblingsschuhe liegen zerkaut im Wohnzimmer verstreut, das Kissen ist zerfetzt oder die Ladestation des Laptops nur noch ein kabelloser Plastikklumpen.

In solchen Situationen nützt es nichts, den Hund sofort zu bestrafen. Er hat längst vergessen, was er zerkaut hat, und verknüpft Ihr plötzliches Schimpfen nicht mit zerfetzten Gegenständen. Strafen machen die Sache eher noch schlimmer. Wenn Sie ihn scheinbar grundlos anschreien, wird er nur nervös, und Kauen beruhigt ihn vielleicht. Der Schuss geht also unter Umständen nach hinten los.

Das Kauen auf ungeeigneten Gegenständen kann auch für den Hund sehr gefährlich sein. Er kann Stücke davon verschlucken, die dann möglicherweise Probleme in Speiseröhre, Magen oder Darm verursachen. Kaut er an einem angeschlossenen Elektrokabel, kann er einen tödlichen Schlag erleiden oder ein Feuer verursachen. Außerdem sind die finanziellen Kosten für den Ersatz teurer Gegenstände sowie die emotionalen Kosten beim Verlust unersetzlicher Gegenstände zu bedenken.

Es geht hier also darum, dass ein natürliches und gesundes Handeln des Hundes auf die richtigen Objekte gerichtet bleibt, ohne alle Besitztümer hochlegen oder wegschließen zu müssen.

Gründe für unerwünschtes Kauen

Erwachsene Hunde kauen meist, um sich zu beruhigen und sich mental zu stimulieren. Es könnte sich um ein Überbleibsel ihres Verhaltens als Welpen handeln, als das Kauen die Schmerzen beim Zahnen linderte. Die Assoziation mit „beendet ein unangenehmes Gefühl" aus der Welpenzeit kann reichen, damit das Kauen auch einen erwachsenen Hund in einen ruhigen, gefügigen Zustand versetzt. Ruhig und gefügig ist wunderbar, genau das wollen Sie ja. Der Zustand darf nur nicht auf Kosten Ihrer Besitztümer erreicht werden.

Das unerwünschte Kauen überwinden

Dieses Verhalten lässt sich einfacher korrigieren, wenn Sie den Hund auf frischer Tat ertappen, da Sie die Korrektur dann direkt mit dem Verhalten verknüpfen können. Sie sollten ihm jedoch keine Falle stellen, indem Sie absichtlich etwas herumliegen lassen. Es geht nur um die richtige Reaktion, wenn Sie Ihren Hund dabei erwischen, wie er auf etwas Unerlaubtem herumkaut.

Wie schon gesagt, wichtig ist es, ruhig zu bleiben. Korrigieren Sie den Hund mit einer leichten, sanften Berührung der Finger am Nacken oder Hinterteil. So lenken Sie die Aufmerksamkeit des Hundes vom Gegenstand ab. Versuchen Sie nicht, ihm das Kauobjekt wegzunehmen, sofern er es nicht von selbst fallen lässt. Tut er das nicht, lenken Sie seine Aufmerksamkeit auf ein geeignetes Objekt, etwa ein Kauspielzeug oder ein Leckerchen. Das sollte ihn dazu bringen, den Gegenstand fallen zu lassen und stattdessen das angebotene Objekt zu nehmen.

Sobald Ihr Hund den bekauten Gegenstand losgelassen hat, beanspruchen Sie ihn als Ihr Eigentum. Schaffen Sie mithilfe Ihrer Energie und Körpersprache eine Verknüpfung zwischen sich und dem Gegenstand und machen Sie dem Hund deutlich, dass er Ihnen gehört. Es hilft, sich dazu eine unsichtbare Mauer um sich und den Gegenstand vorzustellen. Sie können ihn auch mit ruhiger, entschlossener Energie an den Körper halten, was recht deutlich die Botschaft „Meins" vermittelt. Wenn Sie je beobachtet haben, wie zwei Hunde um ein Spielzeug streiten, haben Sie vielleicht bemerkt, dass der Gewinner meist nur Körpersprache und Energie einsetzt, ohne zu knurren oder aggressiv zu werden. Der Hund stellt oder legt sich über den Gegenstand und sieht den anderen dann warnend an. So drückt der Hund aus: «Das ist meins.»

Wenn Ihr Hund gerne kaut, besorgen Sie ihm unbedingt geeignete Kauspielzeuge. Fragen Sie Ihren Tierarzt nach essbaren Kauobjekten wie Knochen oder Rohleder. Achten Sie darauf, dass Gummi- oder Plastikspielzeuge groß genug sind, damit Ihr Hund sie nicht verschlucken kann. Die Gegenstände dürfen aber nicht so groß sein, dass der Hund mit dem Kiefer oder Gesicht darin steckenbleiben kann. Seien Sie besonders vorsichtig mit Spielzeugen, in denen sich Leckerchen verstecken lassen. Sie müssen unbedingt an beiden Enden Löcher haben – durch eins versucht der Hund, das Leckerchen herauszubekommen, durch das andere strömt Luft nach, damit kein Vakuum entstehen und die Zunge des Hundes nicht steckenbleiben kann. Das Luftloch sollte mindestens den Durchmesser Ihres kleinen Fingers haben.

Erwachsene Menschen haben 32 Zähne, erwachsene Hunde aber zehn Zähne mehr. Außerdem sind die Vorderzähne eines Hundes spitzer als unsere, und ihre Kiefer mit den Mahlzähnen sind wesentlich kräftiger. Ein Mensch kann sich beim Beißen auf einen Eiswürfel einen Backenzahn abbrechen, Hunde dagegen können mit den Mahlzähnen mühelos Knochen knacken. Biologisch ist es also offensichtlich, dass Hunde gut kauen können, und psychologisch finden sie die Handlung beruhigend und stimulierend. Sie sollten Ihren Hund nicht vom Kauen an sich abhalten, jedoch dürfen Sie nicht die Angewohnheit dulden, dass er auf ungeeigneten Objekten herumkaut.

▶ Ein solides Fundament

Jeder Hund benimmt sich ab und zu daneben. Mit den Techniken in diesem Kapitel sind Sie bestens gerüstet, solche Probleme sofort anzugehen. Zusammen mit den Naturgesetzen, den Prinzipien und den Techniken aus den vorangegangenen Kapiteln haben Sie damit ein solides Fundament und Methoden an der Hand, um Ihr Rudel wieder ins Gleichgewicht zu bringen.

Alle Methoden spielen bei jedem Aspekt Ihrer Beziehung zum Hund eine Rolle. Aber wussten Sie, dass Sie sie auch schon anwenden können, bevor Sie überhaupt einen Hund haben? Im nächsten Kapitel zeige ich Ihnen, wie Sie die vorgestellten Praktiken bei Ihrer Suche nach dem idealen Hund für Ihren Lebensstil und Ihre Energie einsetzen.

Kapitel 6

Die Wahl des richtigen Hundes

Eines Samstags bekam ich einen Anruf von einem guten Freund, dem Filmproduzenten Barry Josephson. Ich hatte Barry im Jahr 2000 auf dem Parkplatz eines Restaurants kennengelernt, lange bevor ich eine eigene Fernsehsendung hatte oder irgendjemand wusste, wer Cesar Millan war. Er wurde einer meiner allerersten „Promi-Klienten".

Damals war ich mit etwa zwölf Hunden in meinem alten Lieferwagen unterwegs. Barry fiel auf, wie ich jeden Hund einzeln zum Herausspringen aufforderte. Alle Hunde warteten geduldig, bis sie an der Reihe waren und ich das Kommando gab. Barry war beeindruckt, und seither trainiere ich alle seine Hunde.

Zwei von Barrys Hunden waren kürzlich gestorben, und er trauerte noch immer. Barrys dritter Hund, ein reinrassiger Pitbull namens Gusto, war ebenfalls traurig. Nach Ansicht von Barrys Frau Brooke litt Gusto so sehr, dass sie einen neuen Hund brauchten, und so nahm Brooke einen Welpen aus dem Tierheim auf. Leider vermittelte man ihr einen energiegeladenen Hund, der nicht zu Gusto passte. Als Brooke den Welpen mit nach Hause brachte, schnappte er nach ihrer dreijährigen Tochter Shira. Gusto konnte das natürlich nicht zulassen und beschützte Shira vor dem Welpen. Von diesem Tag an ignorierte Gusto den anderen Hund. Obwohl den Josephsons klar wurde, dass der Welpe nicht in ihre Familie passte, beschlossen sie, ihn so lange zu behalten (und natürlich Shira vor ihm zu schützen), bis sie das richtige Zuhause für ihn gefunden hatten.

Solche Geschichten wiederholen sich tausendfach, weil die Menschen nicht wissen, wie sie einen Hund finden, der zu ihnen passt. Es reicht nicht, ins Tierheim zu gehen und sich einen auszusuchen, vielmehr muss man zahlreiche Kriterien bedenken. So ziehen sich kompatible Energien an, während inkompatible Energien zur Katastrophe führen können. Treffen Inkompatibilität und eine falsche Einführung des neuen Hundes in das Rudel zusammen, führt das zu der traurigen Situation, dass ein geretteter Hund wieder ins Tierheim zurückgegeben wird. Wenn Sie einen Hund aufnehmen, geben Sie ihm damit das Versprechen, sich sein Leben lang um ihn zu kümmern. Sie schulden es diesem Tier, sich gut vorzubereiten und sorgfältig auszuwählen.

Meiner Meinung nach gibt es bei der Auswahl eines Hundes drei Hauptphasen: Selbsteinschätzung, Einschätzung des Hundes und schließlich das Nachhausebringen.

PHASE 1: Selbsteinschätzung

Diese Phase beginnt mit einem ehrlichen Blick auf Sie selbst und Ihr Leben. Dabei müssen Sie verschiedene Einzelaspekte Ihres Lebens berücksichtigen und überlegen, wie ein Hund am besten hineinpasst.

SELBSTEINSCHÄTZUNG 1:
Eine Familienangelegenheit

Wenn Sie sich zu einem Hund entschließen, müssen alle Familienmitglieder in die Entscheidung einbezogen werden, denn jeder muss die Rolle des Rudelführers übernehmen. Alle müssen sich über die Anschaffung einig sein. Wenn Papa den Kindern einen Hund versprochen hat, aber Mama dagegen ist, kann es später problematisch werden, wenn den Kindern ihre Pflichten irgendwann lästig werden und nur noch Mama den Hund, den sie gar nicht haben wollte, füttert und mit ihm rausgeht.

Reden Sie darüber, von welchen Familienmitgliedern man realistischerweise erwarten kann, dass sie sich um den Hund kümmern, und denken Sie über folgende Fragen nach:

- Sind Ihre Kinder alt genug, einen Teil der Rolle als Anführer und Versorger zu übernehmen? Wenn nicht, sind sie alt genug, um zu verstehen, dass ein Hund kein Spielzeug ist und dass sie sein Bedürfnis nach Abstand respektieren müssen?
- Verstehen die Kinder, dass der Hund ein Teil der Familie sein wird und nicht einem Kind mehr „gehört" als einem anderen?
- Ist immer oder zumindest die meiste Zeit jemand beim Hund oder verlässt die ganze Familie morgens das Haus und kommt erst abends zurück?
- Unternimmt die Familie regelmäßig Urlaubsreisen? Wenn ja, würden Sie Ihre Art zu reisen und Ihre Unterbringung so anpassen, dass Sie den Hund mitnehmen können? Was tun Sie, wenn er zu Hause bleibt? Haben Sie zuverlässige Freunde, Familien-

mitglieder oder eine gute Hundepension, die sich in Ihrer Abwesenheit um ihn kümmern können?
- Hat jemand in der Familie Allergien, die bestimmte Hundetypen ausschließen? (Falls ja, sollten Sie sich über allergiearme Rassen wie zum Beispiel den Portugiesischen Wasserhund informieren.)

Selbsteinschätzung 2: Die Wohnsituation

Bevor Sie mit der Suche nach Ihrem zukünftigen Hund beginnen, müssen Sie die „Regeln und Grenzen" Ihrer Wohnsituation erfassen. Sehen Sie im Mietvertrag oder in den Statuten der Wohnungseigentümergemeinschaft nach, ob Hunde in Ihrer Wohnung erlaubt sind. Informieren Sie sich auch über die relevanten Verordnungen Ihrer Gemeinde für Hundehalter.

Sehen Sie sich dann zu Hause um. Wie leben Sie? In einer winzigen Wohnung oder in einem großen Haus mit Garten? In der Vorstadt oder auf dem Land mit schönen Spazierwegen und viel Natur oder in einer großen Stadt mit wenigen Grünflächen und viel Verkehr? Versuchen Sie sich vorzustellen, welche Art von Hund sich für Ihre Wohnsituation eignet. Ein energiegeladener Hund auf engem Raum wird wahrscheinlich schlecht passen.

Nehmen Sie nun Ihre Wohnung oder Ihr Haus genauer unter die Lupe. Gibt es Zimmer, die der Hund nicht betreten darf? Falls ja, wie wollen Sie ihn daran hindern? Darf Ihr Hund aufs Sofa oder nicht? Wo wird er die meiste Zeit verbringen? Indem Sie schon im Vorfeld solche „Hausregeln" aufstellen, bekommen Sie ein Gespür dafür, welche Art von Hund Sie suchen.

Selbsteinschätzung 3:
Ihre Energie

Auch den Lebensstil und das Energieniveau Ihrer Familie müssen Sie berücksichtigen. Sind Sie ein Haufen Couch-Potatoes, der sich nach dem Abendessen am liebsten vor den Fernseher, den Computer oder die Spielekonsole begibt und dort bis zum Schlafengehen bleibt? Oder sind Sie eine aktive Familie, die jedes Wochenende gern früh aufsteht und wandern geht oder sich in andere Freiluftaktivitäten stürzt? Sie sollten nie einen Hund zu sich nehmen, der mehr Energie hat als Ihr eigenes Rudel – sofern Sie nicht bereit sind, Ihre Lebensführung so zu ändern, dass sie zu seiner Energie passt. Ein quirliger Dalmatiner oder Jack Russell Terrier wäre eine schlechte Wahl für eine ruhige Familie, würde sich aber bei passionierten Wanderern sehr wohlfühlen.

Prüfen Sie den emotionalen Zustand Ihrer Familie – der wichtigste Faktor von allen, denn die Energie in Ihrem Haushalt wirkt sich stark auf das Verhalten des Hundes aus. Bei meiner Arbeit brauchte ich oft nur den Hund zu betrachten und wusste sofort, dass es Probleme zwischen den Familienmitgliedern gab.

Überlegen Sie ehrlich, ob es ungelöste Probleme in der Familiendynamik gibt – zwischen Ehepartnern, Geschwistern oder Eltern und Kindern. Hunde reagieren schnell auf unausgeglichene Energie. Wenn sie Probleme im Rudel spüren, werden sie versuchen, die Führung zu übernehmen. Häufig neigen sie dann dazu, ein stärkeres Rudelmitglied vor dem schwächeren zu „schützen", indem sie sich besitzergreifend und manchmal auch aggressiv verhalten.

Fallgeschichte aus *Leader of the Pack*

Rosie, der gestresste Staffie

Einen Monat vor Drehbeginn für meine Sendung *Leader of the Pack* flogen der Produzent Gregory Vanger und meine Assistentin Cheri Lucas nach London, um mit der Auswahl der Hunde zu beginnen. Ihre erste Station war das Tierheim Animal Helpline in Peterborough. Wie in vielen Tierheimen verfügen die ehrenamtlichen Mitarbeiter dort nicht über das Wissen, mit dem sie viele Verhaltensprobleme der Hunde lösen könnten.

Bei ihrem Rundgang lernte Cheri Rosie kennen, einen herrlichen Staffordshire Terrier. Ihre erste Familie hatte die Hündin in einem Tierheim mit einer hohen Tötungsquote abgegeben, und Rosie sollte bald eingeschläfert werden, aber Animal Helpline befreite sie aus dem Zwinger und nahm sie auf. Der Stress forderte jedoch seinen Tribut: Rosie hatte eine nicht ansteckende Form von Räude entwickelt. Sie wurde in ein liebevolles Zuhause vermittelt, aber ihr neuer Besitzer reagierte schwer allergisch auf sie und endete mit einem anaphylaktischen Schock im Krankenhaus. Widerstrebend brachte man Rosie wieder zu Animal Helpline.

Wir nahmen Rosie ins *Leader of the Pack*-Team auf. Einige Wochen später wurde sie zu unserem Zentrum in Spanien geflogen, ohne zu ahnen, welches Abenteuer sie dort erwartete. Nach ihrer Ankunft behandelten wir zunächst ihre Räude. Rosies Verhaltensprobleme waren nicht gravierend, aber der beharrliche Staffie hatte sehr gut gelernt, Menschen zu manipulieren. Bisher hatte Rosie weder Regeln noch Grenzen erfahren – wenn sie nicht laufen wollte, ging sie nirgendwohin.

Mein Team und ich konnten Rosie sehr schnell rehabilitieren. Es dauerte nicht lange, sie auf Spur zu bringen – sie brauchte nur einen starken Anführer. Aber jetzt mussten wir eine passende Familie für sie finden. Die Frage war: Wer passte in ihr Profil?

Mehrere Kandidaten bewarben sich darum, Rosie aufnehmen zu dürfen, darunter eine Ex-Krebspatientin namens Debbie und eine Familie mit zwei Kindern. Debbie war gerade dabei, ihr Leben umzukrempeln. Sie hatte nicht nur den Krebs besiegt, sondern auch ihr Übergewicht und ihre schweren Depressionen. Debbie bewarb sich bei *Leader of the Pack*, um einen Hund für ihr neues Leben zu finden. Das Produktionsteam plädierte für die Familie mit den beiden süßen Kindern.

Ich entschied jedoch, dass Rosie besser zu Debbie passen würde. Meiner Meinung nach waren die beiden verwandte Seelen – beide mussten wieder ins normale Leben zurückfinden, und ihre Liebe und ihr Verständnis füreinander würden durch den Heilungsprozess wachsen.

Ich kann erfreut berichten, dass die beiden hervorragend miteinander auskommen. Debbie ist wild entschlossen, Rosie dabei zu helfen, die perfekte Gefährtin zu werden, und Rosie scheint Debbies Leben einen neuen Sinn zu geben. ▪

# Selbsteinschätzung 4:
Was haben Sie im Portemonnaie?

Auch wenn es als unschicklich gilt, über Geld zu reden: Bitte rechnen Sie sich genau durch, ob sich die Familie einen Hund leisten kann. Vernünftige Tierhaltung kostet Geld. Neben Anschaffungskosten, Mikrochip, Hundesteuer und Zubehör sind da noch die monatlichen Futter- und die jährlichen Tierarztkosten. Diese fallen je nach Rasse und Größe des Hundes und Wohnort unterschiedlich hoch aus. Hinzu kommt noch die Tierhalter-Haftpflichtversicherung. Falls diese an Ihrem Wohnort nicht gesetzlich vorgeschrieben ist, sollten Sie zumindest ein Polster von 1000 bis 2000 Euro für plötzliche Notfälle anlegen. Dieses kommt Ihnen auch zugute, wenn Ihr Tier einen Unfall erleiden oder krank werden sollte. Mit dem finanziellen Sicherheitsnetz haben Sie dann eine Sorge weniger.

PHASE 2: Einschätzung des Hundes

Sobald Sie Lebensstil, Energieniveau und Dynamik Ihrer Familie ehrlich eingeschätzt haben, können Sie sich Gedanken darüber machen, welcher Hund gut in Ihr Rudel passen würde.

Einschätzung des Hundes 1:
Das Alter ist nicht nur eine Zahl.

Welpen sind niedlich und finden leicht ein neues Zuhause. Allerdings muss man für einen Welpen wesentlich mehr Zeit, Energie und Geld investieren. Viele Verhaltensprobleme, die später professionelle Hilfe erfordern, haben ihren Ursprung darin, wie der Welpe aufgewachsen ist. Sofern Sie oder ein anderes Familienmitglied sich nicht einige Monate bis über ein Jahr lang rund um die Uhr um den Welpen kümmern und ihn konsequent erziehen können, sollten Sie lieber keinen aufnehmen.

Hunde sind nach 12 bis 18 Monaten ausgewachsen, und wenn sie bis dahin vernünftig erzogen wurden, haben sie wahrscheinlich auch keine Verhaltensprobleme. Zumindest sollten Sie mögliche Probleme schon im Tierheim erkennen und entscheiden können, ob Sie gewillt sind, an einer Lösung zu arbeiten. Erwachsene Hunde sind meist stubenrein, und je nach Temperament und Rasse ist auch ihr Energieniveau in der Regel geringer als bei Welpen. Wenn Sie dem Hund nicht so viel Zeit widmen können, ist ein erwachsenes Tier unter sieben Jahren die richtige Wahl.

Doch auch ältere Hunde sind eine Überlegung wert. Sie finden im Tierheim gewöhnlich als Letzte ein Zuhause, können Sie aber trotzdem noch viele Jahre begleiten und sind oft ausgeglichener und weniger quirlig als Junghunde. Wenn Sie wenig Platz und nicht so viel Zeit haben, einen Hund zu erziehen, passt vielleicht ein freundlicher Hundesenior gut zu Ihnen. Der Nachteil sind die höheren Tierarztkosten, aber für kinderlose Haushalte wie Singles oder Ehepaare, deren Kinder das Nest schon verlassen haben, ist ein älterer Hund ideal.

Berücksichtigen Sie bei der Wahl des Hundes auch Ihr eigenes Alter und Energieniveau. Ein quirliger Welpe könnte für einen älteren Menschen schlicht zu anstrengend sein, während ein älterer Hund mit einem dynamischen, sportlichen Mittzwanziger vielleicht nicht mithalten kann. Wie gesagt: Nehmen Sie einen Hund auf, der nicht mehr Energie hat als alle übrigen Familienmitglieder.

Einschätzung des Hundes 2:
Kleine Rassenkunde

Wie ich schon erklärte, sollte man Hunde ausnahmslos als Tiere, Art, Rasse und Individuum betrachten – in eben dieser Reihenfolge. Die Rasse kann jedoch ein wichtiger Faktor bei der Wahl des passenden Hundes sein. Je reinrassiger er ist, desto eher sind seine rassetypischen Merkmale ausgeprägt, und der Hund hat entsprechende spezielle Bedürfnisse.

In Kapitel 3 ging es um die sieben Hundegruppen: Jagdhunde, Hetzhunde, Gebrauchshunde, Hütehunde, Terrier, Gesellschaftshunde und die Non-Sporting Group (siehe Seite 62). Damit die Hunde aus allen Gruppen ein erfülltes Leben haben, muss man ihnen eine Aufgabe geben, die zu ihren Rasseinstinkten passt. Bei Jagdhunden verbringt man zum Beispiel viel Zeit mit Stöckchenwerfen, während manche Gebrauchshunde ein Rucksack beim Gassigehen am glücklichsten macht. Terrier brauchen Stimulation durch mentale Herausforderungen und arbeiten gern für Belohnungen, daher lieben sie Spielzeuge, in denen Leckerchen versteckt sind. Hetzhunde sind ausdauernde Läufer und passen daher gut zu Ihnen, wenn Sie gern joggen, skaten oder Rad fahren.

Wenn Sie einen Hund suchen, ist es hilfreich, sich eingehend im Vorfeld zu informieren, vor allem wenn Sie zu einer bestimmten Rasse tendieren. Rasseporträts finden Sie in Büchern und im Internet; die Rassestandards der Fédération Cynologique Internationale, des größten Dachverbands des Hundewesens, sind im Hinblick auf das Temperament ein guter Anhaltspunkt.

Bedauerlicherweise leben wir in einer Welt mit rassespezifischen Gesetzen; viele Hausverwaltungen und Wohnungseigentümergesellschaften erlauben bestimmte Rassen nicht, also müssen Sie sich auch darüber informieren. Obwohl Aggression ein Anzeichen für unausgewogene Energie ist, wird sie leider häufig einer Handvoll Rassen zugeschrieben, unabhängig von Verhalten oder Temperament eines einzelnen Hundes. Manchmal zählt es nicht einmal, ob der Hund ein reinrassiges Mitglied einer bestimmten Rasse ist; wenn er aussieht wie eine aggressive Rasse, gilt er als aggressiv, Punkt. Ein trauriges Beispiel dafür ist Lennox. Er war ein Mischling in Großbritannien, der entfernt an einen Pitbull erinnerte und nie durch aggressives Verhalten aufgefallen war. Nur aufgrund seines Rassetyps wurde er vom Belfaster Stadtrat beschlagnahmt und 2012 trotz internationaler Proteste schließlich getötet. Machen Sie sich also unbedingt vor der Anschaffung des Hundes kundig, welche Rassen in Ihrer Wohngegend unter derartige Einordnungen und Gesetze fallen würden.

Bedenken Sie auch eventuelle Gesundheitsprobleme, für die bestimmte Rassen bekannt sind, wie Hüftdysplasie beim Deutschen Schäferhund oder Schilddrüsenprobleme beim Deutschen Spitz. Auch hier gilt: Je reinrassiger der Hund, desto wahrscheinlicher das Auftreten rassetypischer Probleme. Recherchieren Sie die möglichen Behandlungskosten im schlimmsten Fall und addieren Sie sie zu den Anschaffungskosten des Hundes.

Wenn Sie sich die Zeit nehmen, sich über die verschiedenen Rassen und ihre Bedürfnisse, Probleme und Energieniveaus zu informieren, haben Sie eine viel genauere Vorstellung von dem, was Sie suchen. In der Folge können Sie eine verantwortungsbewusste Wahl treffen.

Einschätzung des Hundes 3:
Das richtige Energieniveau

Ich habe nun schon mehrfach darauf hingewiesen, dass Sie einen Hund mit der passenden Energie für Ihre Familie aufnehmen sollten, aber wie stellt man das natürliche Energieniveau eines Hundes fest? Ein Besuch in einem Tierheim, wo die Hunde in Käfigen gehalten werden, kann irreführend sein, weil ein Hund in einer solchen Situation frustrierte, nervöse Energie aufbaut, die seiner eigentlichen Natur nicht entspricht.

Fragen Sie daher die Mitarbeiter des Tierheims nach Hunden, die Sie interessieren. Sie haben meist einige Zeit mit allen Hunden verbracht und haben eine genauere Vorstellung von ihrem allgemeinen Temperament und Verhalten. Sie kassieren keine Provision für die Vermittlung und wissen, dass die Tiere meist wieder bei ihnen landen, wenn sie nicht in die Familie passen, also ist es in ihrem Interesse, eine ehrliche Auskunft zu geben.

Fragen Sie zum Beispiel nach, wie sich der Hund mit Mitarbeitern und anderen Hunden verträgt, wie er sich bei Mahlzeiten und beim Gassigehen verhält, wie er auf Besucher reagiert, die an den Käfig kommen, ob er Probleme mit bestimmten Menschen wie Kindern oder Männern hat.

Wenn Sie meinen, ein Hund könnte passen, sollte die gesamte Familie zum Kennenlernen ins Tierheim fahren. Die meisten Tierheime arrangieren so etwas gern und verfügen über einen Bereich, in dem sich die Familie und der Hund ohne Leine beschnuppern können. Das Beobachten des Hundes außerhalb des Zwingers mit einem gewissen Maß an freier Bewegung kann Ihnen ebenfalls eine Menge verraten. Lässt sich der Hund leicht ablenken? Untersucht er jede neue Person oder scheint er auf eine fixiert zu sein? Markiert er sofort überall sein Revier? Ist er aufgeschlossen oder schüchtern? Ist er ständig in Bewegung oder beruhigt er sich schnell und strahlt ruhige, gefügige Energie aus?

Falls das Tierheim es erlaubt, lassen sich Energie und Persönlichkeit eines Hundes am besten auf einem Spaziergang einschätzen, einer „Probefahrt" sozusagen. So erfahren Sie, ob der Hund an der Leine zieht oder versucht, Sie zu führen. Wenn Sie so lange mit ihm spazieren gehen können, dass er richtig ausgetobt ist, können Sie auch sein wahres Temperament außerhalb des Zwingers besser einschätzen.

Am wichtigsten ist es jedoch, während des gesamten Prozesses möglichst objektiv zu bleiben. Sie haben später noch genügend Zeit, sich in den Hund zu verlieben, aber das ist wesentlich einfacher, wenn Sie zuerst den richtigen Hund finden. Schnell verguckt man sich in den ersten Hund, der einem ins Auge springt, und nimmt ihn dann aus Schuldgefühlen mit, weil man ihn nicht im Tierheim zurücklassen will, aber oft ist das die falsche Entscheidung. Sie sollten wirklich keinen energiegeladenen Bernhardinerwelpen aufnehmen, wenn Sie in einer Einzimmerwohnung leben und zwölf Stunden pro Tag arbeiten.

Ein Hund ist weder ein Spielzeug noch ein Möbelstück, sondern eine lebenslange Verpflichtung. Es ist weitaus besser, Hunde abzulehnen, die nicht zu Ihnen passen, und einen mit dem richtigen Temperament und Energieniveau zu finden, als den falschen Hund aufzunehmen und hinterher die schwere Entscheidung zu treffen, ihn doch wieder zurückbringen zu müssen.

FALLGESCHICHTE AUS *Leader of the Pack*

Sofia, die ängstliche Hündin

Sofia war einer der herzzerreißendsten Fälle, mit denen wir bei *Leader of the Pack* zu tun hatten. Cheri Lucas flog nach Rom, um den Hundekandidaten für die Sendung zu finden. Ein italienischer Regisseur, der für uns Filmaufnahmen von italienischen Hunden gemacht hatte, fuhr mit ihr zu einem Tierheim mit über 400 Hunden. Die Hälfte davon waren ältere Hunde, ein weiteres Viertel Pitbulls oder Pitbull-Mischlinge, die in Italien sehr unbeliebt sind. Der Rest zeigte schwere Verhaltensprobleme: Aggressionen gegenüber Hunden oder Menschen, Ängstlichkeit oder antisoziales Verhalten. Und dann war da noch Sofia.

Sofia gehörte eigentlich nicht zu den Hunden, die Cheri sich ansehen sollte. Wir hatten schon einen „Angstfall", daher suchten wir einen Hund mit einem anderen Problem, um die Sendung abwechslungsreicher zu gestalten.

Cheri erzählt: «Sofias Zwinger grenzte an andere Zwinger, in denen die Hunde unaufhörlich bellten, sich gegen das Gitter warfen oder wild im Kreis rannten. Sie war vollkommen verängstigt. Sofia hatte die größten, schwermütigsten Augen, die ich je gesehen hatte. Es war sofort um mich geschehen. Wer Sofia sah, wollte ihr nur noch helfen. Ein Mitarbeiter erlaubte mir, Sofias Zwinger zu betreten. Ich versuchte, ihr eine Leine umzulegen, aber meine Anwesenheit versetzte sie in absolute Panik. Ich wusste, wie ich vorgehen musste – kein Blickkontakt, kein Anfassen, keine Babysprache, aber das nutzte nichts. Sofia war so verängstigt, dass ich sogar dachte, sie würde gleich ohnmächtig werden.»

Die Wahl des richtigen Hundes

Sofia hatte eine traurige Vorgeschichte. Ihr Besitzer kam wegen unbekannter Vorwürfe ins Gefängnis. Die Behörden fanden in seinem Garten ein Dutzend Hunde, alle ausgewachsen, aber offenbar aus einem Wurf. Alle Hunde waren gleichermaßen vernachlässigt und verängstigt und kamen ins Tierheim.

Schließlich gelang es Cheri, Sofia eine Leine umzulegen und sie aus dem Zwinger zu führen. «Sie hatte vollkommen dicht gemacht, aber irgendwann bekam ich sie heraus. Da brach sie dann zusammen. Mir blieb nichts anderes übrig, als den Hund – 30 Kilo Lebendgewicht – sofort wieder in den Zwinger zurückzutragen.»

Zum Glück waren die Produzenten bereit, Sofia in die Sendung aufzunehmen. Sobald sie in Spanien ankam, veränderte sie sich fast über Nacht. Die ruhige, friedliche Atmosphäre im Centro Canino

Fortsetzung auf der nächsten Seite

FALLGESCHICHTE AUS *Leader of the Pack*

Sofia (Fortsetzung)

in Madrid wirkte Wunder bei ihr. Nach wenigen Tagen filmten wir meine ersten Versuche, Sofia zu rehabilitieren. Unser ausgeglichenes Rudel aus über zwölf Hunden half Sofia bei ihrer Heilung. Sie hatte nie etwas anderes gekannt als andere Hunde, also war es nur logisch, Sofia mit ihrer Hilfe auf einen neuen Weg zu bringen.

Von den drei Paaren, die sich um Sofia bewarben, interessierte mich vor allem ein junges Pärchen, Danilo und Sara aus Bologna. Danilo war ein „Katzentyp" und hatte noch nie einen Hund gehabt. Mich faszinierte der Umstand, dass dieser Mann Katzen so liebte, vor allem seine eigene sehr verwöhnte Katze. Danilo machte sich Sorgen, dass es seine Katze aufregen könnte, wenn sie einen Hund aufnahmen. Ich fand das irgendwie amüsant, es machte mir aber die Problematik bewusst, einen Hund in einen Haushalt mit einer ziemlich verwöhnten Katze einzuführen.

In diesem Fall eigneten sich die anderen beiden Kandidaten nicht für einen Fall, der viel Engagement erfordern würde. Sie hatten viel Stress und suchten einen Hund als Gefährten. Sofias Ängstlichkeit würde sich nur verbessern, wenn ihre neue Familie bereit war, Zeit und Mühe in ihre Rehabilitation zu stecken.

Wie erwartet, kommen Sara und Danilo bestens mit Sofia aus. Allerdings entdeckte der Tierarzt nach ihrem Einzug in ihr neues Heim eine seltene Erkrankung namens pulmonare Hypertonie bei ihr, die sich ohne umfangreiche Untersuchung nicht erkennen lässt. Da unserem Produktionsteam Sofias Wohl am Herzen liegt, unterstützen wir ihre neuen Besitzer bei der Behandlung. ▪

PHASE 3: Nach Hause!

Sie haben alle Schritte ausgeführt, waren in verschiedenen Tierheimen und haben einen Hund gefunden, der perfekt zu Ihnen passt. Herzlichen Glückwunsch zum neuen Rudelmitglied! Nun gilt es, noch drei sehr wichtige Dinge zu erledigen.

Nach Hause 1: Den Hund kastrieren

Vielerorts sind Hunde aus Tierheimen bereits kastriert, bevor sie vermittelt werden, und in der Regel sind die Kosten dafür in den Übernahmegebühren enthalten.

Wenn Sie nicht gerade ein professioneller Züchter sind, gibt es wenig Argumente gegen die Kastration Ihres Hundes. Im Gegensatz zu Menschen, die sich jederzeit paaren können, verspüren Rüden diesen Drang ausschließlich in der Gegenwart läufiger Hündinnen, und das passiert nur zweimal, manchmal auch dreimal im Jahr – meist zwischen Januar und März sowie zwischen August und Oktober. Kastrierte Rüden wissen also nicht, dass ihnen etwas fehlt, und vermissen daher nichts. Im Übrigen gibt es in den USA sogar Hundehoden-Implantate, doch solche kosmetischen Krücken wurden eher für den Menschen entwickelt als für den Hund. Bello trauert seiner Männlichkeit jedenfalls nicht hinterher.

Eine Kastration ist sinnvoll, wenn medizinische Gründe dafür sprechen. So kann etwa ein früher Eingriff Hündinnen im späteren Leben gesundheitliche Probleme wie Gesäugeleistentumore und Harnwegsinfektionen ersparen. Sowohl bei Rüden als auch bei Hündinnen kann das Beseitigen der Hormonsignale zu einem ausgeglicheneren Temperament führen, und sie versuchen in der Paarungszeit nicht mehr wegzulaufen, um Sie hinterher mit einem unerwünschten Wurf zu beglücken.

Finanziell gesehen, ist die Kastration eine kleine Investition. In einigen Tierheimen und Tierkliniken gibt es Kastrationsprogramme zu ermäßigten Preisen oder sogar gratis, und bei den meisten Tierheimen ist der Eingriff, wie schon erwähnt, ohnehin schon in den Übergabekosten enthalten.

Der wichtigste Grund für eine Kastration ist die Eindämmung der Überpopulation. Allein bei uns in den USA werden jedes Jahr vier bis fünf Millionen unerwünschte Hunde und Katzen aus diesem Grund getötet. Weltweit gibt es 600 Millionen streunende Hunde. Die Kastration gilt hier als wirkungsvollste Gegenmaßnahme.

Als verantwortungsbewusster Hundebesitzer müssen Sie für vieles sorgen: Futter, Unterkunft, Anleitung, Erziehung und Führungskraft. Das Mitfühlendste, was Sie für Ihren Hund und sich selbst tun können, ist jedoch, eine neue Generation ungewollter Welpen zu verhindern. Sprechen Sie mit einem Tierarzt Ihres Vertrauens und wägen Sie die Entscheidung für oder gegen eine Kastration gründlich ab.

Nach Hause 2:
Niemals ohne Mikrochip

Früher konnte man Hunde nur durch eine Marke am Halsband oder eine Tätowierung kennzeichnen, doch beide Methoden haben ihre Nachteile. Streuner können ihre Halsbänder oder Marken leicht verlieren, oder sie werden von Dieben entfernt. Auch Tätowierungen können entfernt oder verändert werden.

In den 1990er Jahren kam der RFID *(radio frequency identification)*-Chip auf, ein winziges, implantierbares Gerät, das bis zu 25 Jahre haltbar ist. Auf dem Chip ist eine einzigartige Nummer kodiert, die den Hund identifiziert, damit er zu Ihnen zurückgebracht werden kann, falls er verloren geht. Wenn Ihr Hund gechippt und registriert ist, lässt sich leicht feststellen, wer der wahre Besitzer ist, falls jemand ihn findet oder stiehlt und für sich beansprucht.

Die RFID-Chips selbst sind harmlose, passive Geräte. Im Gegensatz zu Handys oder anderen Elektronikgeräten übermitteln sie keine Signale und damit auch keine schädliche Strahlung. Sie werden nur in Gegenwart eines Scanners aktiv, der ein Signal aussendet, auf das der Chip mit der kodierten Nummer antwortet. Der Vorgang dauert nur einige Sekunden.

Da die Chips immer mehr Verbreitung finden und die Technologie immer ausgefeilter wird, gibt es inzwischen interessante Ansätze zu alternativen Nutzungen. So stellt ein Unternehmen eine Hundeklappe her, die mit einem Scanner den RFID-Chip liest. Erkennt sie Ihren Hund, öffnet sich die Klappe, sonst bleibt sie verschlossen. Anstelle eines einladenden Eingangs für Nachbarhunde, Marder oder gar Einbrecher hat Ihr Hund damit quasi einen eigenen Hausschlüssel.

Es gibt noch ein anderes tierschutzrelevantes Argument für den Mikrochip: Ein gechippter Hund kann nicht ausgesetzt werden. Wer das bisher tun wollte, brauchte dem Tier nur Halsband und Marken abzunehmen, in eine abgelegene Gegend zu fahren und es aus dem Wagen zu lassen. Ein Hund mit Mikrochip führt die Behörden jedoch zum eingetragenen Besitzer. Auf diese Weise können auch diejenigen überführt werden, die Hunde für Kämpfe oder zum Angriff auf Menschen trainieren. Wie anhand der Seriennummer an einer Waffe kann damit der Besitzer eines Hundes, der in einer Kampfarena oder im Zusammenhang mit einem Verbrechen beschlagnahmt wurde, aufgespürt und zur Rechenschaft gezogen werden.

Die Injektion eines Mikrochips geht schnell, tut nicht mehr weh als eine Impfung und kostet nicht viel; wie die Kastration ist das Chippen bei Tierheimhunden immer häufiger bereits in den Übernahmegebühren enthalten. Betrachten Sie es doch einmal so: Wenn Sie Ihren Hund chippen lassen, werden Sie das nie bereuen, aber wenn Sie es nicht tun und der Hund verloren geht, werden Sie es sich ewig vorwerfen.

NACH HAUSE 3:
Einführung ins Menschenrudel

Sie haben den idealen Hund mit der richtigen Energie für Ihre Familie und Ihre Lebensführung gefunden. Sie haben sich über die Rasse informiert, wollen auf die speziellen Bedürfnisse eingehen und haben alle Familienmitglieder darauf eingeschworen, die Rolle des Rudelführers zu übernehmen. Sie bringen die Übernahmeformalitäten hinter sich, und heute ist der große Tag – Sie holen Ihren neuen Hund ab und bringen ihn nach Hause. An diesem Punkt machen viele Menschen den größten Fehler, häufig aus purer Begeisterung über das neue Familienmitglied. Sie fahren nach Hause, führen den Hund aus dem Auto an die Haustür, öffnen sie, nehmen die Leine ab und lassen den Hund sein neues Zuhause inspizieren ... und das arme Tier hat keine Ahnung, was los ist oder wo es sich befindet. Es mag aussehen, als untersuche der Hund aufgeregt das Haus, weil er von Zimmer zu Zimmer rennt und überall herumschnüffelt, aber das stimmt nicht. Sie haben ihn gerade ohne Instruktionen in eine vollkommen fremde Umgebung geworfen, und diese ersten Assoziationen bleiben haften. Der Ort ist unvertraut, es riecht anders, und es scheint keinen Ausgang zu geben. Wenn Sie früher schon Tiere hatten, hängt ihr Geruch noch im Haus und verunsichert Ihren neuen Hund, der nun meint, ein fremdes Revier zu betreten.

Kehren wir also zurück zur Haustür, steigen noch einmal in den Wagen und fahren zurück zum Tierheim. Bevor Sie den Hund zum Auto bringen, gehen Sie erst einmal ausgiebig mit ihm spazieren. So wird er die aufgestaute Energie aus dem Zwinger los. Auf dem Heimweg parken Sie einige Häuserblocks von Ihrem Haus entfernt und machen noch einen Spaziergang mit dem Hund, diesmal bis zu Ihrer Schwelle. So kann er sich mit den Gerüchen und Anblicken in der neuen Umgebung vertraut machen und sich daran gewöhnen. Außerdem lernt er Sie und Ihre Energie kennen, und Sie können erstes Vertrauen aufbauen.

Wenn Sie schließlich zu Hause ankommen, lassen Sie Ihren neuen Hund nicht einfach hineinstürmen. Führen Sie ihn zur Tür und lassen Sie ihn sitzen und warten, bis er ruhige, gefügige Energie ausstrahlt. Wenn Sie die Tür öffnen, müssen Sie und die Familie zuerst hineingehen. Erst dann holen Sie den Hund herein, aber halten Sie ihn vorerst an der Leine und achten Sie darauf, dass sich alle an die Regel „Nicht anfassen, nicht ansprechen, kein Blickkontakt" (siehe Seite 45) halten.

Dem neuen Familienmitglied sollte sein zukünftiges Zuhause Zimmer für Zimmer vorgestellt werden. Am besten beginnen Sie dabei mit dem Zimmer, in dem Futter- und Wassernapf stehen. Lassen Sie ihn wieder an der Tür warten, gehen Sie zuerst durch und holen Sie ihn dann hinein. Lassen Sie ihn sitzen, während Sie sein Futter zubereiten und den Wassernapf füllen. Nun können Sie ihn durch das restliche Haus führen. Meiden Sie dabei Zimmer, die er nicht betreten soll.

An der Schwelle jedes Zimmers muss der Hund wiederum warten, bis Sie ihn hereinholen. Halten Sie ihn an der Leine. Lassen Sie ihn im Zimmer schnüffeln und es erkunden, bevor Sie ihn ins nächste bringen. So teilen Sie dem Hund mit: «Das ist mein Revier. Es gehört mir, aber du darfst es betreten.» Dem Hund flößt das von Anfang an Respekt vor Ihrem Eigentum ein.

Wenn Sie die Runde beendet haben, kann der neue Hund die anderen Familienmitglieder kennenlernen – einzeln. Er muss jeden in Ruhe beschnüffeln dürfen, und niemand darf ihn mit Zuwendung überschütten, bevor der Hund zu ihm kommt. Rudelführer gehen nicht zu ihren Untergebenen, sondern umgekehrt.

Nach Hause 4:
Einführung ins Hunderudel

Wenn Sie bereits einen Hund haben, muss die erste Begegnung mit dem neuen Hund unter Ihrer Leitung stattfinden. Bringen Sie die beiden nicht einfach zusammen. Auch wenn Ihre Kinder von dem neuen Familienmitglied völlig begeistert sind, geht es dem vorhandenen Hund vielleicht nicht so. Ein unüberlegtes Zusammenführen kann den älteren Hund in die Defensive drängen und den neuen verunsichern, was Probleme verursacht. Betrachten Sie das Ganze einmal aus der Sicht Ihres älteren Hundes: Er liegt nichts ahnend an seinem Platz, und plötzlich kommt ein fremder Hund hereingerannt, und die Menschen scheinen sehr aufgeregt zu sein, also muss da gerade etwas Schlimmes passieren. Ein Scheitern ist so schon fast programmiert.

Um einen neuen Hund in ein bestehendes Rudel einzuführen, brauchen Sie zwar die Hilfe eines Freundes oder Familienmitglieds, doch das Ergebnis ist den Aufwand wert. Einfach gesagt, begegnen sich die Hunde auf neutralem Gebiet beim Gassigehen, indem nämlich Sie mit dem vorhandenen Hund hinausgehen und die andere Person den neuen Hund ausführt. Begrüßen Sie sich beiläufig und gehen Sie nebeneinander weiter, die Hunde laufen außen. Vielleicht entwickeln sie sofort ein neugieriges Interesse für den anderen, dennoch ist es wichtig, zunächst noch eine Weile in der Vorwärtsbewegung zu bleiben, bis beide Hunde ihre Energie verbraucht haben.

Nun können Sie beide Tiere nach Hause führen. Wieder gehen die Menschen zuerst hinein und rufen dann die Hunde herein. Die restliche Einführungsprozedur bleibt gleich, allerdings können Sie den älteren Hund jetzt von der Leine nehmen, sofern er

FALLGESCHICHTE AUS *Leader of the Pack*

Janna, der Belgische Schäferhund

Auf der Suche nach Hunden für unsere Sendung reisten wir auch durch die Niederlande. Bei unserem Besuch in einem Tierheim bei Amsterdam lernten wir eine prächtige vierjährige Belgische Schäferhündin namens Janna kennen. Sie war als herrenlose Streunerin aufgegriffen worden und trug einen Mikrochip, also rief das Tierheim ihre Besitzer an, die sich jedoch weigerten, sie abzuholen. Sie wollten sie nicht mehr. Janna wurde an einen älteren Mann vermittelt, der drei Jahre später verstarb. Wieder kam sie ins Tierheim, doch sie hatte sich verändert.

Der Aufenthalt im Tierheim setzte Janna nun unter großen Stress. Sie entwickelte eine Obsession, die darin bestand, dass sie sich selbst in Hinterläufe, Hüfte und Rute biss und dabei lautstark jaulte und bellte. Das tat sie mehrere Minuten lang und hörte erst auf, wenn sie erschöpft war. Nach dieser Selbstverstümmelung war sie triefnass vom eigenen Speichel. Wir wussten, dass wir Janna helfen konnten, ihre Obsession zu überwinden, und ein gutes Zuhause für sie finden würden, also wählten wir sie für die Sendung.

Als Janna in Spanien eintraf, begann ihr Verhalten zu eskalieren. Als sie einmal über Nacht bei Cheri Lucas blieb, öffnete sie Schranktüren und baute sich im Schrank ein Lager. Sie grub Löcher im Garten und rollte sich darin zusammen. Wir befürchteten, dass sie trächtig sein könnte, denn die meisten Tierheime in den Niederlanden kastrieren ihre Hunde nicht standardmäßig.

Ein Besuch beim Tierarzt ergab, dass Janna nicht trächtig war, aber unter einem schweren Fall von Scheinschwangerschaft litt, weil sie in den vergangenen vier Jahren mehrere Hitzezyklen ohne einen Wurf durchlaufen hatte. Der Tierarzt sagte uns, dass Janna sich Lager baute, um einen Platz für ihre imaginären Jungen zu bereiten. Ein seltsames Syndrom und ein nahezu unerträglicher Zustand für den Besitzer. Wir versuchten es mit ganzheitlichen Medikamenten und machten Agility-Übungen mit ihr, damit sie ihre überschüssige Energie abbauen konnte. Belgische Schäferhunde haben viel Energie und müssen sich unbedingt jeden Tag austoben.

Von den drei Familien, die sich um Janna bewarben, sprach mich eine besonders an. Das Paar aus Belgien hatte einen bezaubernden Sohn. Sven, der Vater, war aufgrund eines Arbeitsunfalls schwerbeschädigt und arbeitsunfähig. Er ging am Stock und hatte chronische Schmerzen, die zu schweren Depressionen führten. Es berührte mich, wie unermüdlich der kleine Sohn seinen Vater umsorgte. Ich erkannte, dass sich diese Familie gegenseitig stützte.

Obwohl Jannas Fall eine große Herausforderung darstellte, weil ihre Rehabilitation eine lange Zeit dauern würde, spürte ich, dass diese Familie die richtige für sie war. Ich war überzeugt, dass Sven alles tun würde, damit Janna sich vollständig erholte, genau wie er selbst versuchte, die chronischen Schmerzen zu überwinden. Sie würden ein gutes Team bilden. Viele Tränen flossen während des Auswahlverfahrens. Selbst die Kandidaten, die nicht weiterkamen, rührte das Schicksal dieser Familie, und sie freuten sich, dass Sven und seine Familie schließlich ausgewählt wurden, um Janna bei sich aufzunehmen. ▪

den neuen Hund nicht zum Spielen auffordert. In diesem Fall sollten beide Hunde angeleint bleiben. Zwar ist so eine Spielaufforderung ein sehr gutes Zeichen dafür, dass sie sich gut verstehen werden, doch sollten Sie das Spielen als Belohnung reservieren, wenn der neue Hund seine Aufgabe erledigt hat, Ihnen zu folgen und sich mit der neuen Umgebung vertraut zu machen.

Wenn Sie diese Vorgehensweise beim Einführen eines neuen Hundes in Ihr Rudel beherzigen, sorgen Sie für einen optimalen Start, indem Sie von Anfang an Ihre Position als Rudelführer demonstrieren und Regeln und Grenzen aufstellen. Sie haben später noch viel Zeit für Zuwendung, Spaß und Spiele – ein Leben lang sogar. Doch alles, was Sie an diesem ersten Tag tun, wirkt sich auf alles aus, was danach kommt. Es lohnt sich auf jeden Fall, es richtig anzugehen.

Kapitel 7

Veränderungen im Leben meistern

Veränderungen sind unvermeidliche Bestandteile unseres Lebens. Ein neues Zuhause, ein Baby oder ein neuer Partner sind nur einige Beispiele dafür. In Zeiten von Veränderungen und Unsicherheit ist es wichtig, nach vorne zu sehen. Denken Sie bei Ihren Plänen an Ihren Hund – Umbrüche gehen auch an ihm nicht spurlos vorüber. Nach meiner Erfahrung kommen Hunde damit besser zurecht als Menschen, denn sie gehören zu den anpassungsfähigsten Geschöpfen überhaupt. Wir Menschen dagegen klammern uns an Gefühle und Erinnerungen. Sie halten uns so gefangen, dass wir entweder in der Vergangenheit leben oder uns vor der Zukunft fürchten, und die Gegenwart ... kümmert uns nicht.

Viele wundern sich darüber, wie schnell ich Ergebnisse bei den Hunden erziele, die ich rehabilitiere. Entscheidend ist dabei: Hunde leben im Augenblick. Sie kennen keine Zukunftsangst. Das ist der Kern ihrer Gefügigkeit. Könnten wir Menschen lernen, das zu schätzen und uns darauf zu konzentrieren, was im Hier und Jetzt geschieht – selbst wenn wir nicht wissen, was die Zukunft bringt –, wäre auch unser Leben so erfüllt wie das der Tiere.

Vielleicht fragen Sie sich, warum ich in einem Kapitel, das Veränderungen beschreibt und aufzeigt, wie Sie Ihrem Hund dabei helfen können, sie zu bewältigen, über Menschen rede. Ganz einfach: weil die Menschen einer der Hauptgründe sind, warum sich Hunde mit Veränderungen schwer tun. Stehen große Veränderungen an, projizieren wir unsere Gefühle, Sorgen oder Begeisterung auf den Hund. Er wird damit quasi zu unserem Spiegel. Wenn ich zum ersten Mal mit einem Hundehalter arbeite, sage ich immer, dass der Mensch mir die „Geschichte" mit Emotionen, Dramatik und Bewertungen liefert, während der Hund mir die Wahrheit darüber erzählt, was los ist. Nähere ich mich erstmals einem Problemhund, sehe ich meist folgendes Muster:

Menschen =
Geschichte + Gefühle + Energie + Bewertung + Vergangenheit/Zukunft

Hund =
Wahrheit + Spiegel der Menschenenergie + keine Bewertung + Gegenwart

Scheidung, Tod, Geburt und neue Beziehungen sind nur einige der Veränderungen im Lauf eines Lebens. Sie wirken sich auf Menschen aus, und diese wiederum haben eine Wirkung auf die Hunde. Ihr Vierbeiner kennt Ihre Lage nicht, er weiß nur, dass sich Ihre Energie geändert hat.

Zwar gibt es Hunderte Ratgeber für Menschen in solchen Umbruchsituationen, aber kaum Bücher darüber, wie Hundebesitzer ihren Hunden über lebensverändernde Ereignisse hinweghelfen können. Mit etwas Vorausplanung und Rücksicht können Sie Ihrem Hund und sich selbst jede Veränderung einfacher machen. Die folgenden Tipps sollen Sie dabei unterstützen.

Umbruchsituation:
Das Haus verlassen

Das Verlassen des Hauses erscheint Ihnen vielleicht nicht wie ein großer Umbruch, wahrscheinlich tun Sie es jeden Tag. Aber sozial agierende Tiere wie Hunde kann es verunsichern, allein gelassen zu werden. In der Natur ist es ungewöhnlich, dass ein Hund das Rudel verlässt. Allein zu Hause bleiben zu müssen, kann bei manchen Hunden sogar Trennungsangst hervorrufen (siehe Seite 130ff). Was Menschen als kleine Veränderung erscheint, kann sich für Hunde wie ein großer Umbruch anfühlen. Damit Ihr Vierbeiner im Gleichgewicht bleibt, müssen Sie ihm zu der Einsicht verhelfen, dass dieser Teil Ihres Tagesprogramms etwas Normales ist und nichts Beunruhigendes:

1 Proben Sie Abschied und Begrüßung. Gehen Sie mehrmals aus dem Haus und kommen Sie wieder, bevor Sie den Hund tatsächlich länger allein lassen. Wenn Sie aufbrechen, machen Sie keinen großen Wirbel darum. Wenn Ihr Hund sieht, dass Sie entspannt und selbstsicher sind, wird er sich mit größerer Wahrscheinlichkeit ähnlich fühlen.

2 Achten Sie darauf, dass der Hund ruhig und entspannt ist, bevor Sie das Haus verlassen. Gehen Sie lange mit ihm spazieren oder spielen Sie ausgiebig im Garten mit ihm, bevor Sie morgens gehen. Die Übung beruhigt den Hund und hilft ihm, entspannt zu bleiben, wenn Sie fortgehen.

3 Gesellschaft hilft. Wenn Sie Ihren Hund wegen der Arbeit tagsüber länger allein lassen müssen, ist es gut, wenn er gelegentlich Gesellschaft hat. Sollten Sie in der Mittagspause nach Hause kommen können, verschaffen Sie sich und ihm Bewegung. Lässt Ihr Zeitplan das nicht zu, engagieren Sie einen Hundeausführer, damit Ihr Tier Bewegung und Kontakt mit Menschen hat. Durch die Bewegung bleibt es ruhig, und die Gesellschaft macht es glücklich.

 Der Feind heißt Langeweile. Sorgen Sie für ausreichend Unterhaltung, während Sie weg sind. Ein gelangweilter Hund kann Ängste und zerstörerisches Verhalten entwickeln, also legen Sie ihm seine Lieblingsspielzeuge hin. Spielen hilft gegen die Angst, wenn Sie nicht da sind.

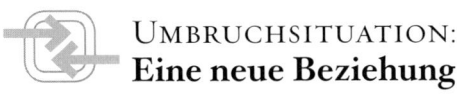
Umbruchsituation:
Eine neue Beziehung

Etwa ein Jahr nach meiner Scheidung lernte ich eine schöne Dominikanerin namens Jahira Dar kennen. Sie arbeitete als Promi-Stylistin im Laden von Dolce & Gabbana, wo ich manchmal für meine Sendung einkaufe. Ich nahm den Aufzug in die Herrenabteilung, doch er hielt erst bei den Damen. Als sich die Türen öffneten, sah ich sie. Spontan trat ich aus dem Aufzug und stellte mich vor. Nach einer kurzen Unterhaltung lud ich sie zum Essen ein. Einige Tage später schickte ich ihr schon Fotos von Junior und Coco, unserem Chihuahua.

Nachdem wir einige Monate miteinander ausgegangen waren, fand ich, dass es an der Zeit wäre, Jahira dem Rudel vorzustellen. Nur ganz besondere Frauen schaffen es, ruhig und entschlossen zu bleiben, wenn sie mein Rudel kennenlernen. Zuerst brachte

Zwei, die sich verstehen – Jahira und Junior gehören zum selben Rudel.

ich sie mit Junior zusammen. Jahira erinnert sich: «Ich war nervös, weil ich dachte, wenn Junior mich nicht mag, dann wäre meine Beziehung mit Cesar bald Geschichte. Aber Junior kam entspannt und wedelnd auf mich zu. Dann beschnüffelte er mich und legte sich neben meine Füße. Nachdem er mich akzeptiert hatte, folgte das restliche Rudel seinem Beispiel. Ich war so erleichtert.»

Der Beginn einer neuen Beziehung ist für jeden eine aufregende Zeit. Damit Ihr Hund den neuen Partner oder die neue Partnerin akzeptiert, brauchen Sie einen Plan. Und so stellen Sie Ihrem Rudel ein neues Mitglied vor:

1. Nichts überstürzen. Verbergen Sie Ihren neuen Partner / Ihre neue Partnerin nicht vor Ihrem Hund, aber zwingen Sie ihn auch nicht in diese neue Beziehung. Befolgen Sie von Anfang an die Maxime „Nicht anfassen, nicht anspre-

chen, kein Blickkontakt", bis der Hund eine Vertrautheit mit Ihrer neuen Liebe entwickelt und in seiner bzw. ihrer Gegenwart ruhig und gefügig bleibt.

2 Arbeiten Sie zusammen. Hat der Hund den Neuen/die Neue anerkannt, teilen Sie sich Pflichten wie Füttern und Gassigehen, indem Sie sie zunächst gemeinsam erfüllen und nach und nach einige Aufgaben dem neuen Rudelmitglied übertragen. Achten Sie darauf, dass Ihr neuer Partner/Ihre neue Partnerin nicht zum Außenseiter wird. Stellen Sie Regeln und Grenzen dafür auf, wie Ihr Hund an Ihrer neuen Beziehung teilhat, und seien Sie dabei konsequent.

3 Denken Sie positiv. Kommen Ihr Hund und Ihre neue Liebe nicht sofort gut miteinander aus, streiten Sie sich nicht wegen des Hundes, vor allem nicht in seinem Beisein. Auch wenn er nicht versteht, was Sie sagen, wird er das neue Familienmitglied sonst mit negativer Energie assoziieren.

Umbruchsituation:
Ein Baby

Da sich unsere Hunde auf uns einstellen, spüren sie die Veränderung, wenn ein Baby unterwegs ist. Der Hund merkt, dass sich die werdenden Eltern über alles Mögliche Sorgen machen, etwa darüber, wie er wohl mit dem Baby zurechtkommen wird. Ich habe schon mit vielen Hunden gearbeitet, deren Familien mit dieser Veränderung nicht richtig umgegangen sind. Mein erster Rat: Machen Sie einen Plan und beherzigen Sie folgende Tipps.

1. Konzentrieren Sie sich auf Ihre Führungsstärke. Neun Monate reichen, um Regeln und Grenzen in Bezug auf das Baby aufzustellen. Nutzen Sie die Zeit: Stärken Sie Ihre Position als Rudelführer und achten Sie darauf, dass sich Ihr Hund regelmäßig in einem ruhigen, gefügigen Zustand befindet.

2. Achten Sie auf Ihre Energie. Eine Schwangerschaft wirkt sich auf die gesamte Familie aus. Sie sind aufgeregt, ängstlich oder besorgt – oder auch alles gleichzeitig. Denken Sie daran, Ihr Hund spiegelt Ihre Gefühle.

3. Beanspruchen Sie den Geruch des Babys für sich. Bevor der Hund das Baby zum ersten Mal sieht, zeigen Sie ihm etwas, das nach dem Baby riecht, etwa eine Decke. Bei dieser Übung müssen Sie ganz klare Grenzen setzen. Lassen Sie den Hund aus der Entfernung schnüffeln, während Sie die Decke festhalten. Anschließend erlauben Sie ihm, sie direkt zu beschnüffeln. Auf diese Weise zeigen Sie Ihrem Vierbeiner, dass der neue Gegenstand (und der damit verbundene Duft) Ihnen gehört und dass er in seiner Gegenwart Ihren Regeln folgen muss. So entwickelt er Respekt vor dem Baby.

4. Erklären Sie das Kinderzimmer zur Verbotszone. Machen Sie Ihrem Hund begreiflich, dass die Türschwelle eine unsichtbare Grenze ist, die er nur mit Ihrer Erlaubnis übertreten darf. Hat er sich inzwischen an den Geruch des Babys gewöhnt, wird er sich an diese Regel halten. Nun können Sie ihm erlauben, bestimmte Dinge im Kinderzimmer unter Ihrer Aufsicht zu untersuchen und zu beschnüffeln. Wiederholen Sie diese Übung mehrmals, bevor das Baby einzieht.

Ruhige, entschlossene Energie ist das Wichtigste, wenn Sie Ihrem Hund den jüngsten Familienzuwachs vorstellen.

5 Steuern Sie den ersten Kontakt. Unternehmen Sie vorher einen langen Spaziergang mit dem Hund, damit er seine Energie verbraucht. Nur wenn er ruhig und gefügig ist, darf er dann das Baby beschnüffeln, muss aber einen gewissen Abstand wahren. Die Person, die das Baby hält, muss vollkommen ruhig und entschlossen sein. Halten Sie dem Hund das Baby nicht direkt vor die Nase. Schließlich können Sie ihm erlauben, immer näher an das Baby heranzukommen, sofern er dabei ruhig und gefügig bleibt. Zeigt er Anzeichen von Aufregung, beenden Sie das Kennenlernen. Wiederholen Sie es später, wenn sich der Hund wieder beruhigt hat.

6 Vergessen Sie den Hund nicht. Ein Baby kann eine Familie ziemlich aus der Bahn werfen, daher ist es wichtig, sich explizit Zeit für den Hund zu nehmen. Er braucht weder Spielzeuge noch besondere Aufmerksamkeit, um sich erwünscht zu fühlen; führen Sie nur die täglichen Spaziergänge und Fütterungen aus wie gewohnt. So fühlt sich der Hund sicher und kann dem neuen Familienmitglied und der Aufmerksamkeit, die es bekommt, ganz entspannt gegenübertreten.

Umbruchsituation:
Schulbeginn

Jedes Jahr im September, wenn meine beiden Söhne Andre und Calvin wieder zur Schule müssen, verändert sich unser ganzer Tagesablauf. Es dauert ein paar Wochen, bis sich alle wieder an das frühe Aufstehen, die morgendliche Hektik und das Nachmittagsprogramm aus Sport, Hausaufgaben und Freizeit gewöhnt haben. Nach den unbeschwerten Sommerferien müssen die Kinder wieder zu den Alltagsregeln und Einschränkungen der Schulzeit zurückfinden. Und nicht nur sie.

Für die Menschen im Haus ist der Beginn eines neuen Schuljahrs aufregend, doch für den Familienhund bedeutet er Einsamkeit und Langeweile. Den Sommer über war meist jemand zu Hause. Wenn alle wieder in den Schulalltag zurück müssen, kann sich Ihr Hund vernachlässigt fühlen und sogar Depressionen oder Trennungsangst entwickeln.

An eine Depression sollten Sie denken, wenn Sie Symptome wie Teilnahmslosigkeit, Energiemangel, Appetitverlust, Verstecken oder Zusammenkauern bemerken und er nicht spielen will. Im Gegensatz dazu zeigt sich Trennungsangst (siehe Seite 130ff) in unberechenbarem Verhalten wie übermäßigem Bellen und Winseln, verzweifeltem Kratzen an Türen, Fenstern oder Zäunen,

Zerkauen von Gegenständen und dem Absetzen von Urin und Kot im Haus. Hunde mit Trennungsängsten geraten in Ekstase, wenn Familienmitglieder nach Hause kommen, während ein depressiver Hund oft nicht einmal sein Körbchen verlässt.

Wenn Ihrem Hund der Beginn des neuen Schuljahrs Probleme bereitet, können Sie ihm den Übergang erleichtern:

1 Beziehen Sie ihn in Ihr Morgenprogramm mit ein. Stellen Sie mit der Familie einen Zeitplan auf. Jeden Morgen sollte jemand etwas früher als die anderen aufstehen und mit dem Hund Gassi gehen oder im Garten mit ihm toben, bevor der Tag beginnt. So weiß Ihr Hund nicht nur, dass Sie ihn nicht vergessen haben, sondern er baut auch überschüssige Energie ab und legt in Ihrer Abwesenheit nicht so schnell destruktives Verhalten an den Tag.

2 Üben Sie mit ihm „Alle verlassen das Haus". Auf Seite 167f habe ich Übungen vorgestellt, mit denen Sie das Fortgehen für den Hund stressfrei gestalten können. Ihren Kindern tut es vielleicht leid, dass sie den Hund zurücklassen, aber sie müssen ihre Gefühle im Zaum halten, wenn sie gehen. Spürt der Hund ihr Unbehagen, überträgt sich das auf ihn. Machen Sie auch aus dem Heimkommen keine große Sache.

3 Etablieren Sie ein Abendprogramm. Am Ende eines langen Tages vergisst man den Hund leicht. Das Abendessen muss zubereitet werden, die Hausaufgaben drängen, alle sind erschöpft. Aber Ihr Hund hat den ganzen Tag auf Sie gewartet und platzt vor aufgestauter Energie. Gehen Sie daher mit ihm hinaus und verschaffen Sie ihm ausgiebig Bewegung.

Umbruchsituation:
Trennung und Scheidung

Bei jeder Scheidung werden die materiellen Güter wie Haus, Autos und Möbel aufgeteilt. Jeder Scheidungsanwalt oder Eheberater wird Ihnen sagen, dass man sich über diese Dinge meist am schnellsten einig wird. Anders ist das bei Kindern und Haustieren. Leider kommt es hier allzu oft zum Streit über das Sorgerecht. Als meine Frau Ilusion und ich uns scheiden ließen, beschloss unser Sohn Andre, bei seiner Mutter zu bleiben, während unser zweiter Sohn Calvin bei mir wohnen wollte. Solche Veränderungen sind für jede Familie schwierig und können auch Ihrem Hund große Probleme bereiten, weil er Ihre Anspannung und Ihr Unbehagen spürt. Erleichtern Sie daher Ihrem Hund eine Trennung mit folgenden Strategien:

1 Vermeiden Sie Streitigkeiten darüber, wer sich um den Hund kümmert. In Deutschland gehören Hunde aus rechtlicher Sicht zum Hausrat, können also einer Partei zugesprochen werden wie Autos oder Möbel. Versuchen Sie, sich mit Ihrem oder Ihrer Ex zu einigen, bevor der Hund zum Opfer des Streits wird. Wenn Sie Kinder haben und diese dem Hund nahestehen, empfehle ich oft, dass der Hund bei den Kindern bleibt. Viele Menschen haben inzwischen die Sorge für den Hund in ihren Ehevertrag mit aufgenommen, um bei einer Trennung ein unschönes Tauziehen zu vermeiden.

2 Denken Sie an die Kinder. Untersuchungen zufolge leiden Kinder in Familien mit Hunden nach einer Scheidung weniger unter Stress als in hundelosen Familien. Es leuchtet ein, dass Hunde als lebendige Gefährten in Zeiten von Umbruch und Veränderungen unverzichtbar sind, und Kinder scheinen am meisten davon zu profitieren, wenn der Familienhund nach der Trennung oder Scheidung mit ihnen zusammenbleibt.

3. Achten Sie auf Verhaltensprobleme. Nach einer Trennung zeigen Hunde oft erstmals Aggressionen. Die Anspannung in einer Scheidungsfamilie kann sich auf sie genauso auswirken wie auf die menschlichen Familienmitglieder. Es ist wichtig, dass Hunde während der Trennungsphase viel Bewegung bekommen, weil das Ängste lindert und sie vorübergehend aus der stressbefrachteten Umgebung herausholt.

4. Ihre Lebensumstände bleiben nicht gleich. Überlegen Sie ehrlich, wie sich Ihr Leben nach einer Trennung oder Scheidung verändern wird. Allzu häufig sehe ich Hunde aus Scheidungsfamilien im Tierheim landen. Ehepartner, die den Hund während der Scheidung haben wollten, stellen hinterher fest, dass sie sich gar nicht um ihn kümmern können, weil sie jetzt Vollzeit arbeiten. Oder aber sie lernen einen neuen Partner / eine neue Partnerin kennen, der oder die den Hund nicht mag.

5. Versuchen Sie, Ruhe zu bewahren. Vergessen Sie nicht, dass sich Ihre Gefühle im Verhalten des Hundes spiegeln. Wenn Sie lernen, ruhig zu werden und im Beisein Ihres Hundes entspannte, entschlossene Energie auszustrahlen, wird nicht nur Ihr Hund davon profitieren, sondern auch der Rest der Familie – und nicht zuletzt Sie selbst.

VERÄNDERUNGEN IM LEBEN MEISTERN

UMBRUCHSITUATION:
Umzüge und Reisen

Psychologen zufolge gehört ein Wohnortwechsel zu den zehn traumatischsten Ereignissen im Leben eines Menschen. Wenn das stimmt, können Sie sich ungefähr vorstellen, wie sich ein Umzug auf die Psyche Ihres Hundes auswirkt. Mit diesen Tipps erleichtern Sie ihm den Wechsel in ein neues Heim, vor allem wenn es sich dabei um einen Fernumzug handelt:

1. Gehen Sie zum Tierarzt und lassen Sie ihn feststellen, ob Ihr Hund reisetauglich ist. Erkundigen Sie sich, welche medizinischen Vorkehrungen eventuell getroffen werden müssen. In der Regel kommen Hunde mehr als 72 Stunden ohne Futter aus. Junior und ich haben schon die ganze Welt bereist; am Morgen vor der Abreise füttere ich ihn nie.

2. „Üben, üben" lautet das Motto. Machen Sie Ihren Hund rechtzeitig vor dem Umzug oder der Reise mit einer Hundebox vertraut, vorzugsweise derselben Box, in der er dann auch reisen wird. Gewöhnen Sie ihn daran, immer mehr Zeit darin zu verbringen. Gestalten Sie die Box als angenehmen Ort, indem Sie dafür sorgen, dass Ihr Hund positive Assoziationen damit verknüpft. Bemitleiden Sie ihn nicht, bleiben Sie gelassen. Er spürt Ihre Gefühle sofort und könnte auf negative mit Ängstlichkeit reagieren.

3 Wenn Sie ins Ausland ziehen, sollten Sie sich rechtzeitig im Vorfeld über die Quarantänebestimmungen informieren. In manchen Ländern sind bestimmte Rassen verboten und werden bei der Einreise vom Zoll beschlagnahmt. Muss Ihr Hund in Quarantäne, besuchen Sie ihn möglichst täglich. Bitten Sie die zuständigen Behörden um die Erlaubnis, mit ihm Gassi gehen zu dürfen.

4 Kümmern Sie sich um eine passende Unterkunft. Wenn Sie mit dem Auto reisen, suchen Sie tierfreundliche Hotels heraus. Lassen Sie den Hund nie über Nacht allein im Wagen. Wenn er in Ihrem Hotelzimmer heult oder bellt, ist er wahrscheinlich nervös und versucht nur zu kommunizieren. Belohnen Sie dieses Verhalten nicht durch Zuwendung, sondern unternehmen Sie lieber einen langen Spaziergang mit ihm, damit er seine aufgestaute Energie abbauen kann.

5 Sorgen Sie vor der Reise für Bewegung. Am Morgen des Reisetags sollten Sie unbedingt lange mit dem Hund hinausgehen, damit er sich austoben kann. Die Reise wird weniger aufreibend für ihn, wenn sein Energieniveau niedrig ist.

Umbruchsituation:
Todesfall in der Familie

Im Jahr 2011 sorgte die Geschichte des Deutschen Schäferhunds Capitán für Schlagzeilen. Capitán lief 2006 von zu Hause weg, nachdem sein Besitzer Manuel Guzman gestorben war. Eine Woche später fand seine Familie, die im argentinischen Córdoba lebt, den trübsinnigen Hund trauernd am Grab vor. Er verbrachte die nächsten sechs Jahre auf dem Friedhof, wo die Angestellten ihn fütterten und sich um ihn kümmerten.

Ein Hund, der einen Gefährten oder ein Rudelmitglied verloren hat, kann Anzeichen für Kummer zeigen wie Appetitlosigkeit, Zurückhaltung oder auch das Bedürfnis nach Aufmerksamkeit und Zuwendung. Selbstvertrauen und das Zugehörigkeitsgefühl zum Rudel gehen mit dem Verlust eines Rudelmitglieds verloren. Manche Hunde laufen im Haus herum und versuchen, den noch vorhandenen Duft des Verstorbenen mit der Tatsache in Einklang zu bringen, dass er nicht mehr da ist.

Mit folgenden Strategien können Sie Ihrem Hund den Trauerprozess erleichtern:

1. Hunde trauern tatsächlich. Seien Sie darauf vorbereitet, bei Ihrem Hund entsprechende Symptome wie Appetitlosigkeit und Antriebslosigkeit zu entdecken. Das ist normal.

2. Hunde kennen den Geruch des Todes. Lassen Sie Ihren Hund möglichst an etwas mit dem Geruch des Leichnams schnuppern, damit er einen Abschluss findet.

3. Bleiben Sie Ihren Gewohnheiten treu und verfallen Sie nicht plötzlich in Trägheit. Jetzt braucht der Hund seine langen Spaziergänge am meisten. Ändern Sie die Route, um ihn abzulenken, oder suchen Sie eine ganz neue Umgebung zum Gassigehen. Bemitleiden Sie den Hund nicht, sondern versuchen Sie, den gewohnten Tagesablauf möglichst beizubehalten. Seien Sie weiterhin der starke Rudelführer, selbst wenn der Trauerfall auch Ihr Leben stark beeinträchtigt.

Das Leben geht weiter. Sorgen Sie möglichst bald für neue Herausforderungen und neue Abenteuer, damit der Hund erkennt, dass auch für ihn das Leben nicht stehenbleibt.

Solange ich denken kann, waren Hunde meine besten Lehrer, und mein erster Assistenzhund Daddy brachte mir die wichtigsten und schwierigsten Dinge bei. Ich hatte das Glück, 16 Jahre mit Daddy arbeiten zu dürfen, und er lehrte mich, was wahre Akzeptanz ist. Wo immer wir hingingen, verbreitete er Frieden. Katzen, Kaninchen, Pitbullhasser – Daddy akzeptierte sie alle.

Kurz vor Daddys Tod im Februar 2010 gab es einen wunderbaren Augenblick zwischen uns. Er sah mich an, und der Blick aus seinen honigfarbenen Augen fuhr mir direkt ins Herz und erschütterte mich bis ins Mark. Rückblickend glaube ich, er wollte mir sagen, dass ich es mir zu bequem gemacht hatte in meinem Leben und in meinen Beziehungen. Sein Tod einige Tage später war ein emotionaler Weckruf. So teilte Daddy mir mit: «Du musst dein ganzes Leben ändern.»

Daddys Tod war schwer für mich und meine ganze Familie. Wir betrauerten ihn und würdigten seine Leistung. Etwa zwei Monate später übernahm mein stolzer blauer Pitbull Junior die Rolle meines Assistenten. Dieser Übergang vollzog sich ganz natürlich. Eines Tages gingen Junior und ich zusammen spazieren, und er schenkte mir einen Blick, der mich daran erinnerte, wie Daddy mich oft angesehen hatte. Aus seinen Augen sprachen grenzenlose Liebe und Unterstützung, als würde Junior sagen: «Alles wird wieder gut, Cesar. Ich bin für dich da, aber du musst auch für mich da sein.»

Ein Rudelführer zu sein, bedeutet nicht nur, das eigene Rudel durch Umbruchsituationen zu geleiten, sondern auch sich selbst.

Veränderungen im Leben meistern

Daddy und ich verbrachten 16 wunderbare Jahre zusammen.

Kein Rudelmitglied – auch nicht der Anführer – darf im Angesicht einer Veränderung in der Vergangenheit steckenbleiben oder Angst vor der Zukunft haben. Veränderungen und Umbrüche sind natürliche Prüfungen für Rudelführer, in denen sie ihre Führungsqualitäten weiterentwickeln können. In solchen schwierigen Zeiten werden diese Qualitäten am meisten gebraucht.

Auf meinen Reisen habe ich in den letzten Jahren viele Menschen kennengelernt, deren Leben sich aufgrund aller möglichen Ereignisse gerade dramatisch änderte, seien es nun wirtschaftliche Probleme oder die Nachwirkungen von Naturkatastrophen. Doch für alle gilt: Solche Prüfungen können das Beste in uns und unseren Hunden hervorbringen. Wenn wir der Natur Raum geben und die Kernprinzipien beachten, kann uns dieses Wissen stärker machen und uns helfen, vertrauensvoll nach vorn zu blicken.

KAPITEL 8

Die Erfüllungsformel

Mehrere Jahre lang war ich in Aspen (Colorado) Redner bei der jährlichen Veranstaltung „Cesar Whispers in Aspen" (Cesar flüstert in Aspen), die die Friends of the Aspen Animal Shelter (Freunde des Tierheims Aspen) veranstalteten. Viele Hundeliebhaber besuchen dieses gesellschaftliche Ereignis, genau wie viele der Reichen, die in Aspen den Sommer verbringen. Unter den Zuhörern befinden sich oft Direktoren der größten Aktiengesellschaften, aber auch Entertainer, Medienstars und Politiker.

Erstaunlicherweise sollte ich dort über Hunde und das sprechen, was ich als „Rudelführerschaft" bezeichne. Was könnte ich, ein Arbeiterkind aus Mexiko, den erfolgreichsten Menschen in den USA wohl zu bieten haben? Offenbar eine ganze Menge. Ich weiß, dass das Geheimnis, mit dem sie die Beziehung zu ihren Hunden verbessern, auch ihr eigenes Leben zum Besseren wendet. Das Geheimnis? Ich nenne es die Erfüllungsformel.

Sie entstand im Lauf der Jahre aus meiner Arbeit mit Hunden und Menschen und ist für mich der beste Weg zu wahrer Führungsstärke. Durch ein regelmäßiges Programm aus Bewegung,

Disziplin und Zuwendung (in dieser Reihenfolge) sind Sie besser für alles gewappnet, was das Leben für Sie bereithält. Die Formel fußt auf den Naturgesetzen für Hunde und auf den Kernprinzipien, die ich bereits erläutert habe. Sie schärft Ihre Instinkte und ist der Schlüssel zu der ruhigen, entschlossenen Energie, mit der Sie größere Erfüllung in allen Lebensbereichen finden. Wenn Sie diese Formel anwenden, verbessert sich die Beziehung zu Ihrem Hund, Ihren Lieben und nicht zuletzt auch zu sich selbst.

Die Erfüllungsformel ist simpel, aber sie konsequent anzuwenden, ist nicht immer ganz einfach. Wäre es das, könnte es jeder, und ich wäre arbeitslos. Hunde wären ausgeglichen, und alle wären glücklich. Das Schwierige ist die Zeit, die sie erfordert. Man braucht Engagement, Hingabe und Durchhaltevermögen, wenn es schwierig wird. Man muss sein Leben ehrlich einschätzen und erkennen, wenn die Dinge nicht im Gleichgewicht sind.

Damit Sie die Macht der Erfüllungsformel besser verstehen, zeige ich Ihnen, wie Sie jede der Komponenten anwenden müssen, um das Leben Ihres Hundes und Ihr eigenes zu bereichern.

Erfüllung Teil 1:
Bewegung

Der erste Teil der Erfüllungsformel ist der erste Schritt zu einem ausgeglichenen Rudel: Bewegung. Wenn es in meinem Leben Probleme gab, brachte mich Bewegung stets wieder auf Spur. Sie verleiht mir ein Ziel, Energie, Konzentration, Beständigkeit und ein Ventil für Spannung, Stress und überschüssige Energie.

Für Menschen kann Bewegung etwas Spirituelles haben – sie erhebt, verändert, befreit von Lasten. Als ich mich daran mach-

Inlineskaten ist eine gute Möglichkeit, aufgestaute Energie abzubauen.

te, mein Leben nach meiner Scheidung wieder in geordnete Bahnen zu lenken, stand ich morgens um halb fünf mit frischer Energie auf und ging entweder mit den Hunden laufen oder stieg mit meinem Trainer Terry Norris in den Boxring.

Jeder weiß, dass Bewegung gesund ist, auch wenn beispielsweise 25 Prozent der Amerikaner nicht regelmäßig Sport treiben. Noch weniger Menschen verschreiben sich der intensiven, regelmäßigen Bewegung, die ich für Menschen wie für Hunde wichtig finde. Man schläft besser, sieht besser aus, denkt klarer und lebt länger. Über längere Zeit zu sitzen, kann die positiven Auswirkungen selbst eines intensiven, regelmäßigen Bewegungsprogramms zunichte machen. Eine Studie, die letztes Jahr in der Fachzeitschrift *Circulation* veröffentlicht wurde, kam zu dem Schluss, dass jede Stunde Fernsehen pro Tag das Risiko, an herzbedingten Problemen zu sterben, um 11 Prozent erhöht.

Aktiv sein im Moment

Die beste Art, vom Sofa wegzukommen, ist die Anschaffung eines Hundes. Auf einer Kanadareise lernte ich einmal einen jungen Mann mit starkem Übergewicht kennen. Nachdem er meine Sendung gesehen hatte, beschloss er, sich mit seinem Hund mehr zu bewegen. Er verlor über 50 Kilo und führte bald gegen Geld auch andere Hunde aus. Heute sieht er toll aus und fühlt sich gut.

Wenn ich mit meinem Rudel in den Hügeln um das DPC spazieren gehe, fühle ich mich im Augenblick verwurzelt. Ich spüre eine Verbindung zur Natur und dass ich meinem Körper etwas Gutes tue. Jemand fragte mich neulich, woran ich denke, wenn ich 50 Hunde ausführe. Die Antwort lautet: *an nichts*. Für mich geht es ums Fühlen, nicht ums Denken. Ich fühle Ruhe und Frieden.

Für viele Menschen ist das Gassigehen mit Stress verbunden. Wir machen uns Sorgen über einen sich nähernden Hund oder den hundefeindlichen Nachbarn. Wir befürchten, dass unser Hund bellt, zu schnell läuft oder an der Leine zieht. So bleibt man nicht im Augenblick und erreicht nie einen Zustand innerer Ruhe. Kein Wunder, dass Hunde in den USA weltweit am wenigsten Bewegung bekommen. Die Besitzer sind einfach zu gestresst.

Versuchen Sie, beim Gassigehen im Augenblick zu bleiben. Denken Sie nicht ans Büro oder an die Kinder. Machen Sie sich vor allem keine Sorgen darüber, wie sich Ihr Hund auf dem Spaziergang danebenbenehmen könnte. Stellen Sie sich stattdessen einen ruhigen, erfolgreichen, angenehmen Spaziergang vor. Konzentrieren Sie sich auf die Eindrücke, Gerüche und Geräusche und auf die stumme Kommunikation zwischen Ihnen und Ihrem Hund. Wenn Sie innerlich abdriften oder Ängste aufsteigen spüren, richten Sie die Aufmerksamkeit auf Ihren Atem. Sie können auch die Energieübungen aus Kapitel 4 durchführen.

Die richtige Menge an Bewegung

Wie viel Bewegung Ihr Hund braucht, hängt von seinem Energieniveau, seinen körperlichen Fähigkeiten und den Rassemerkmalen ab. Ältere oder phlegmatischere Hunde sind oft schon nach kurzer Zeit erschöpft, während manche energiegeladenen Hunde, vor allem Gebrauchs-, Jagd- und Hetzhunde, mehr als eine Stunde Bewegung brauchen und Sie mit ihnen joggen, sprinten oder wandern müssen. Welpen haben zwar viel Energie, ihnen fehlt jedoch noch die Muskelspannung für anstrengende Übungen. In der Regel zeigen sie Ihnen, dass sie genug haben, indem sie in den Ruhemodus schalten, wenn ihre Energie verbraucht ist.

In jedem Fall sollten Sie auf folgende Punkte achten, wenn Sie Ihrem Hund Bewegung verschaffen:

1. Vermeiden Sie Überhitzung. Das gilt für Sie wie für den Hund; wenn Ihnen heiß ist, dann wahrscheinlich auch Ihrem Vierbeiner. Vorsicht an sehr heißen Tagen: Gehen Sie am besten frühmorgens und abends Gassi und nehmen Sie immer reichlich Wasser mit. Wenn Ihr Hund die Symptome eines Herzanfalls zeigt, suchen Sie sofort einen Tierarzt auf! Achten Sie auf folgende Anzeichen: schweres Hecheln und mühsames Atmen, übermäßiger Speichelfluss, trockenes, helles Zahnfleisch, Schwäche oder Verwirrung, Erbrechen und Durchfall. Wenn Sie nicht sofort mit ihm zum Tierarzt gehen können, gießen Sie kühles oder lauwarmes (niemals eiskaltes!) Wasser über seinen Körper. Ein Ventilator leistet ebenfalls gute Dienste.

2 Stellen Sie einen Trainingsplan auf. Am Wochenende drei Kilometer zu laufen und dann in der Woche gar nichts zu tun, kann Ihre Gelenke und die Ihres Hundes zu sehr belasten. Mehrere kürzere Spaziergänge im Lauf der Woche – mindestens zweimal am Tag – sind besser, als die gesamte Bewegung an einem Termin zu absolvieren. Bei Schlechtwetter suchen Sie nach Alternativen für drinnen:

- Lassen Sie den Hund die Treppe hinauf- und hinunterlaufen (unter Ihrer Aufsicht).
- Fördern Sie seine Beweglichkeit mit einem Hindernisparcours aus Haushaltsgegenständen.
- Verstecken Sie Leckerchen im Haus, die Ihr Hund suchen muss.
- Spielen Sie Fangen oder Apportieren.
- Gewöhnen Sie Ihren Hund an ein Laufband und zeigen Sie ihm, wie er darauf läuft.

3 Achten Sie auf die Pfoten Ihres Hundes. Laufen auf Beton, vor allem in der Sonne, kann die Fußballen eines Welpen so sehr verletzen, dass sich die Haut abschält. Verschaffen Sie einem jungen Hund möglichst oft die Gelegenheit, auf weicheren Oberflächen wie Gras zu laufen, bis die schützende Hornhaut ausgebildet ist. Achten Sie bei ausgewachsenen Hunden auf heiße Oberflächen, vor allem auf Asphalt, auf dem sie sich an sonnigen Tagen gerade am Nachmittag rasch Verbrennungen zuziehen. Heller Beton speichert die Hitze nicht so stark und ist für den Hund sicherer. Überqueren Sie an sehr heißen Tagen möglichst wenige Straßen oder Parkplätze und ermöglichen Sie Ihrem Hund regelmäßige Abkühlung im Gras.

Seien Sie sich Ihrer Grenzen und der Ihres Hundes bewusst. Wenn Ihr Hund ruhig und gefügig ist, wird er Sie wissen lassen, wann er genug Bewegung hatte. Wenn Sie üben, auf den Spaziergängen im Moment zu bleiben, wird Ihnen außerdem der mentale Zustand Ihres Hundes deutlich bewusst und Sie erkennen schnell, wann es reicht. Wenn einer von Ihnen unterwegs zu erschöpft zum Weiterlaufen ist, setzen Sie sich ruhig ein paar Minuten zusammen hin, bis es wieder geht. Wenn Sie über die Grenzen Ihres Hundes Bescheid wissen, entdecken Sie außerdem mögliche gesundheitliche Probleme oder andere Anlässe zur Besorgnis viel früher.

Bewegung ist wichtig und gesund – für Sie und Ihren Hund. Gleichmäßig auf viele Spaziergänge verteilt, hält sie den Hund im Gleichgewicht, Sie in Form und liefert Ihnen beiden die bestmögliche Gelegenheit, eine gute Bindung aufzubauen.

 Erfüllung Teil 2:
Disziplin

Wie *Dominanz* und *Kontrolle* weckt auch das Wort *Disziplin* schnell negative Assoziationen, wie schon auf Seite 15 erwähnt. Das Wort kommt jedoch vom lateinischen *discipulus* für Schüler, und *disciplina* bezeichnet die schulische Unterweisung. Statt also Disziplin mit Strafe gleichzusetzen, verstehen Sie darunter lieber das, was Ihr Hund von Ihnen lernt.

Bei meiner Ankunft in den USA sah ich schnell, wie undiszipliniert die amerikanische Gesellschaft sein kann, wenn es um Hunde geht. Amerikanische Hunde dürfen fressen, was sie wollen,

Disziplin trägt wesentlich zur Erfüllung der Bedürfnisse Ihres Hundes bei.

schlafen, wo sie wollen, und sitzen, wo sie wollen. Sie haben mehrere Körbchen, viele Spielzeuge und einen Haufen Leckerchen. In Mexiko haben Hunde kein Körbchen, und wenn sie spielen wollen, dann wirft man ihnen ein Stöckchen. Es ist nichts Verkehrtes daran, einem Hund ein Körbchen oder Spielzeug zu geben. Zum Problem wird es erst, wenn man Hunde wie Menschen behandelt. In der Regel werden daraus Hunde, die keine Grenzen kennen. Wenn Sie Hunde sehen, die die Kommandos ihrer Besitzer konsequent ignorieren, dann wurden sie nicht ausreichend diszipliniert. Doch die Tiere können dazulernen, sofern ihre Besitzer für die richtige Umgebung mit Regeln und Grenzen sorgen.

Vor einiger Zeit erlebte ich eine ähnliche Situation, als ich erkannte, dass die Dinge in meinem Familienleben aus dem Gleichgewicht geraten waren. Ich hatte einen Anruf von einem Psychiater erhalten, der mir mitteilte, dass mein Sohn Calvin medikamentös gegen ADHS behandelt werden müsse. ADHS ist eine häufige Verhaltensstörung im Kindesalter, die teilweise schwierig zu diagnostizieren und noch schwerer zu verstehen ist.

Nicht nur für mich war die Scheidung schwierig, sie forderte auch von meinen Kindern ihren Tribut. Sie trennte unsere Familie und brachte eine Menge Unsicherheit in Calvins Leben. Wenn ich daran zurückdenke, scheint alles so klar: Calvin ernährte sich nur noch von süßen Frühstücksflocken und Schokoriegeln. Er sah mürrisch, müde und unmotiviert aus. Seine schulischen Leistungen sackten ab, und er verhielt sich Erwachsenen gegenüber immer respektloser.

Nach diesem Anruf wurde mir klar, dass Calvin vor allem Disziplin brauchte und das Gefühl, verstanden zu werden. Die Scheidung hatte alles Gewohnte fortgerissen. Sie hatte ihm die Familien-Rudelführerin weggenommen, und die Stelle war unbesetzt geblieben. Es war nun an mir als seinem Vater, mit ihm Regeln und Grenzen aufzustellen und dem Motto „Bewegung, Disziplin und Zuwendung" zu folgen. Mithilfe dieser Struktur konnte ich eine stabilere Umgebung für meinen Sohn schaffen und ihm dabei helfen, sein Gleichgewicht wieder zu finden.

Ein Zen-Psychologe bemerkte kürzlich, Disziplin sei «sich genau daran zu erinnern, was man will». Genau so gingen wir die Situation mit Calvin an. Ich erinnerte mich daran, wie ich mir Calvin als Sohn wünschte, dann rief ich mir ins Gedächtnis, was für ein Vater ich sein könnte, und füllte diese Rolle aus. Ich sorgte für eine Umgebung, die ihn besser förderte – eine neue Schule, die auf seine Bedürfnisse einging, neue Freunde, die sich auf Sport oder Hobbys konzentrierten, und Jahira und ich, die sich darauf konzentrierten, liebevolle, geduldige Erwachsene zu sein. Wir arbeiteten alle zusammen, um Calvin von den Medikamenten weg und zurück in ein gesundes Leben zu bringen.

Disziplin bedeutet, dass sich Ihr Geist an der richtigen Stelle befindet. Das lässt sich nur durch die Kenntnis von Regeln und Grenzen erreichen. Mit dieser kurzen Übung brachten Calvin und ich oft unseren Geist wieder da hin, wo er hinsollte:

1. Denken Sie an eine Zeit in Ihrem Leben, als Sie sich unbesiegbar fühlten. Was wollten Sie damals unbedingt? Eine Beziehung? Einen Job? Die Anerkennung Ihrer Familie? Gehen Sie zurück in die Kindheit, wenn es sein muss, denn in dieser Zeit sind die Instinkte noch nicht von menschlichen Kräften und der Zeit verbaut.

2. Schreiben Sie zehn Minuten lang über diese unbesiegbare Zeit in Ihrem Leben. Was dachten, fühlten, hofften Sie? Wie hat sich das angefühlt? Beschreiben Sie Ihre Energie, Ihre Gefühle. Welche Herausforderung haben Sie gemeistert, um schnell an das zu kommen, was Sie wollten?

3. Schreiben Sie auf, an welcher Stelle Ihr Leben jetzt anders wäre, wenn Sie es so angingen wie das, was Sie damals unbedingt wollten – in der Überzeugung, Sie könnten nicht scheitern. Wie würde sich das auf Ihre Beziehung zu sich selbst, Ihrem Arbeitsplatz, den Menschen in Ihrer Umgebung und Ihrem Hund auswirken?

4. Überlegen Sie sich drei Dinge, die Sie tun könnten, um diese Geisteshaltung jederzeit wieder zu aktivieren. Welche drei Dinge würden Sie gern auf diese unbesiegbare Weise erreichen? Welche drei Schritte könnten Sie jetzt unternehmen, um diese Ziele zu erreichen?

ERFÜLLUNG TEIL 3:
Zuwendung

Liebe ist eins der größten Geschenke überhaupt und einer der Gründe, warum ich Hunde so mag. Ihre Liebe ist bedingungslos. Zuwendung zur falschen Zeit kann einem Hund jedoch schaden. Sie können Ihren Hund nicht durch Liebe dazu bringen, Ihre neuen Schuhe nicht zu zerkauen, genau wie man einen Alkoholiker nicht durch Liebe dazu bringen kann, das Trinken aufzugeben, oder ein Kind, sein Zimmer aufzuräumen. Tiere wie Menschen brauchen Regeln und Grenzen – selbst in der Liebe. Hunde lassen sich nicht zu gutem Benehmen bestechen, und auch bei Menschen führt das selten zu dauerhaften Ergebnissen.

Zuwendung muss nicht immer etwas mit Fressen zu tun haben. Ein Familienhund kann Zuwendung in Form von Leckerchen, Fellpflege oder Streicheln bekommen. Zuwendung kann aber auch Anerkennung, ein Lieblingsspielzeug oder ein Spieltreffen mit einem anderen Hund sein.

Bedingungslose Liebe ist das schönste Geschenk, das uns Hunde machen.

Die wichtigste Regel lautet: Geben Sie Ihrem Hund nur Zuwendung, wenn er ruhig und gefügig ist. Trösten Sie niemals einen nervösen, aufgeregten oder ängstlichen Hund – das verwirrt ihn nur. Da Ihr Vierbeiner im Augenblick lebt, verändert Ihre Zuwendung seinen Zustand nicht. Sie vermittelt ihm nur: «Es ist in Ordnung, dass du dich so fühlst.» Zuwendung zur falschen Zeit verstärkt unerwünschtes Verhalten, da der Hund lernt, es einzusetzen, um Zuwendung zu erhalten.

Bei Menschen gestaltet sich das Thema Zuwendung etwas komplizierter. Wie wir in Kapitel 2 (Seite 34) gesehen haben, sind Menschen intellektuell und emotional gesteuert (Hunde sind dagegen Instinktwesen), daher nimmt Zuwendung unter Menschen verschiedene Formen und Bedeutungen an. Wir verschenken sie häufig und in unterschiedlichen Gefühlszuständen. Wir zeigen Zuwendung, um uns gegenseitig Mut zu machen (Umarmungen), um zu feiern (Abklatschen) und um Liebe auszudrücken (Küsse). Zuwendung hat für uns so viele Dimensionen, weil Menschen emotionale Wesen sind. Die Belohnung in Form von Zuwendung kann uns und unseren Lieben dabei helfen, ein Bewegungs- und Disziplinprogramm einzuhalten. Wenn wir ausgeglichen sind, ist es für uns leichter, Zuwendung zu geben und zu bekommen. Der letzte Teil der Erfüllungsformel kann damit ein machtvoller Motivator sein.

Nachdem Sie die Erfüllungsformel nun verstanden haben, erzähle ich Ihnen im nächsten Kapitel wahre Geschichten über Menschen, die mit ihrer Hilfe Probleme in ihrem eigenen Leben gelöst oder anderen Menschen geholfen haben. Ihre Berichte inspirieren mich – und Sie hoffentlich auch.

KAPITEL 9

Wie die Erfüllungsformel auch Ihnen hilft

D ie Grundlagen und Techniken, die ich in der Arbeit mit Hunden und ihren Besitzern entwickelt habe, verbessern auch das Leben der Menschen. Meins haben sie im wahrsten Sinne des Wortes gerettet. Die Erfüllungsformel half mir, die Beziehungen in meiner Familie zu kitten und mein Geschäft sowie mein Selbstbewusstsein wieder herzustellen. Die Formel schärft auch Ihre Instinkte und hilft Ihnen, ruhige, entschlossene Energie zu entwickeln und sich bei allem, was Sie tun, erfüllter zu fühlen.

 ## Ein echter Lebensretter: **Captain Angus Alexander**

Im Lauf der Zeit habe ich viele Menschen kennengelernt, die die Erfüllungsformel erfolgreich auf ihr eigenes Leben anwendeten. Der Leiter des Rettungsschwimmer-Programms des Bezirks L. A. übernahm Teile der Formel in die Ausbildung seiner Rettungsschwimmer. «Vieles von dem, was wir hier tun, tun wir

Rettungsschwimmer Angus Alexander und sein Hund Jack auf Patrouille

wegen Cesar», so Captain Angus Alexander. Er arbeitet im Rettungsschwimmer-Hauptquartier der Bezirksfeuerwehr von Los Angeles neben dem Santa Monica Pier. Vor vielen Jahren befand sich hier das Outdoor-Fitnesscenter Muscle Beach. Heute kommen Touristen und Einheimische an den Strand, um sich in der kalifornischen Sonne zu aalen.

Als Verantwortlicher für die 72 Meilen lange Küstenlinie des Bezirks koordiniert Captain Alexander, 50 Jahre alt, aber robust wie ein Teenager, die Such- und Rettungsmaßnahmen. Er sorgt dafür, dass die US-Küstenwache, die Bezirkspolizei von Los Angeles und seine 600 Rettungsschwimmer harmonisch zusammenarbeiten, damit Zehntausenden von Strandbesuchern nichts passiert. Sein Geheimnis? «Bewegung, Disziplin und Zuwendung – in dieser Reihenfolge», sagt er. «Ich stelle Regeln auf.»

Captain Alexander ist schon lange ein Fan meiner Sendung. Nachdem er seinen Labrador Jack mit meinen Techniken für die Seerettung ausgebildet hatte, beschloss er, die Prinzipien auch auf seine Mitarbeiter anzuwenden. Auf Fitnessübungen am frühen Morgen (Bewegung) folgen Arbeiten wie Fegen, Saubermachen und Wartungsarbeiten (Disziplin). Damit verdienen sich die Mitarbeiter Vergünstigungen (Zuwendung – in diesem Fall Essen). «Meine Frau ist eine Gourmetköchin», sagt Captain Alexander. «Meine Rettungsschwimmer wissen genau, wenn sie fit bleiben und ihre Arbeit gut machen, bekommen sie dafür zum Abendessen die besten Nudeln der Welt.»

Die Ergebnisse sind bemerkenswert. Seine Leute retten fast 10 000 Surfer pro Jahr. Die Todesfälle haben sich im Verlauf von zehn Jahren halbiert, und Captain Alexanders Team war noch nie so eingespielt und konzentriert, sagt er.

Gesunder Hund, gesunder Mensch: Jillian Michaels

Wenn ich Menschen die Erfüllungsformel beibringe, ist das Ziel ein gesunder, angepasster Hund. Dabei zeigt sich oft, dass die Besitzer genauso davon profitieren, ihre Rolle als Rudelführer anzunehmen, wie ihre Hunde es tun. Alles beginnt mit dem ersten Schritt der Formel: Bewegung.

Jillian Michaels weiß einiges über Bewegung. Sie ist eine kernige Gesundheits- und Wellnessexpertin, die durch ihre Arbeit als Fitnesstrainerin, Lebensberaterin, Autorin und Star der beliebten Fernsehsendung *The Biggest Loser* bekannt wurde. Zufällig ist sie auch verrückt nach Hunden, seit sie ein übergewichtiges junges Mädchen war. «Ich war damals sehr einsam, ich hatte nur die Hunde – sie waren wie Geschwister für mich. In meinen dunkelsten, einsamsten Zeiten waren sie immer für mich da.»

Jillian Michaels und ich reden über ihre Hunde.

Heute hat Jillian die Kilos eisern unter Kontrolle und inspiriert zahllose Menschen, ihr eigenes Leben zum Besseren zu wenden. Sie besitzt drei Hunde aus dem Tierheim: Seven, eine Windspiel-Mischlingshündin, Harley, einen Terriermischling, und Richard, einen Chihuahua. Als Jillian mit Seven Hilfe brauchte, setzte sie auf Expertenrat und kam zu mir. Das Problem: Seven knurrte Jillians Pferd an und lief unter seine Beine. Jillian befürchtete, die Hündin würde sich selbst oder auch das Pferd verletzen.

Ich arbeitete mit Seven, unterhielt mich aber auch mit Jillian. Als ich ihr die Formel beibrachte, konnte sie Sevens schlechtes Benehmen korrigieren. Jillian sagt dazu: «Ich weiß, es klingt wie Zauberei, aber das ist es nicht. Ich konnte die neue Herangehensweise in verschiedene Teile ihres Tagesablaufs integrieren, seitdem hat sich Sevens Persönlichkeit vollkommen verändert.»

Disziplin, der zweite Teil der Erfüllungsformel, spielt auch bei Jillians Arbeit mit Menschen, die unter Essstörungen und Gewichtsproblemen leiden, eine große Rolle. Jillian weist sie immer wieder auf die Bedeutung eines Tagesprogramms hin, und auch hier kommen die Erfüllungsformel und die Hunde wieder ins Spiel: «An den Tagen, an denen man einfach keine Lust hat, vom Sofa aufzustehen, stupst, zerrt und winselt der Hund so lange, bis er seinen Auslauf bekommt. Statt dieses Verhalten nervtötend zu finden, kann man es auch als motivierend betrachten.»

Nach unserer Arbeit konnte Jillian das, was sie über die Formel gelernt hatte, in einen neuen Ansatz bei der Arbeit mit ihren Klienten übertragen. «Ich versuche oft herauszufinden, warum sich Menschen auf eine bestimmte Weise benehmen, und wenn ich jetzt auf Probleme stoße, konzentriere ich mich auf die Veränderung und arbeite daneben an den tieferen Gründen. Erst das Verhalten ändern, dann herausfinden, was dahintersteckt.»

Manchmal lässt Jillian die Zuwendung wegfallen, manchmal wählt sie sogar einen direkten, barschen Ansatz. Sie ist überzeugt, dass man den Menschen mit Ehrlichkeit am besten helfen kann. Doch sie bietet auch liebevolle Unterstützung. «Ein Hund ist die reinste Energie, die man anzapfen kann, diese bedingungslose Liebe. Es ist egal, ob du glaubst, du bist hässlich oder dass keiner dich mag – du weißt, dass der Hund dich immer liebt.»

Der Wendepunkt in meinem Leben: Cesar Millan

Die Erfüllungsformel verbesserte Captain Alexanders und Jillians Leben. Meins jedoch rettete sie. Anders kann ich es nicht sagen.

Ich lernte viele Menschen kennen, die meine Grundsätze angewandt hatten, aber niemand berührte mich mehr als ein Mann, der im November 2011 zu einer Signierstunde kam. Sein Name war Mike, und ich vergesse ihn nie. Mein Manager und ich waren 2011 in Toronto, wo ich Bücher signieren sollte. Ich schrieb Autogramme, schüttelte Hände und ließ mich fotografieren. Am Ende eines langen Tages kam ein etwa 30-jähriger dünner, blasser Mann auf mich zugeschlurft. Mein Manager wollte sich zwischen uns schieben, aber der junge Mann war beharrlich und kam bis auf Zentimeter heran.

«Cesar», sagte er, «mein Name ist Mike und ich habe Aids. Ich wollte dir nur sagen, dass du mir das Leben gerettet hast.» Ich erstarrte für den Bruchteil einer Sekunde, dann umarmte ich ihn so fest wie noch niemanden zuvor.

Mike erzählte weiter, dass er seinen Lebensmut verloren hatte, als er mit der Diagnose Aids ins Krankenhaus kam. Dort sah er die Sendung *Der Hundeflüsterer*. Bald begann er, die Grundlagen der Rudelführerschaft und meine Erfüllungsformel auf sich selbst anzuwenden. Langsam sah er wieder einen Sinn im Leben. Er akzeptierte seinen Gesundheitszustand. Mit der Beherztheit eines Pitbulls beschloss er, sein Leben wieder aufzunehmen.

Mike war in eine Sackgasse geraten und kam nicht mehr vorwärts. Das änderte sich, als er Bewegung, Disziplin und Zuwendung in sein Tagesprogramm aufnahm. Dank dieser Kombination brachte er den Willen auf, zu leben und seine Krankheit zu besiegen. Nie hätte ich mir träumen lassen, dass ich einmal jemandem das Leben retten könnte. Mikes Geschichte war ein Geschenk, das mir klarmachte, wie viel Glück ich hatte.

Auf der Taxifahrt zum Flughafen dachte ich über Mike nach – über die Reise, die er hinter sich hatte, und darüber, dass ich sie beeinflussen konnte – und war so gerührt, dass mir die Tränen kamen. Da wurde mir klar, wie sehr sich mein eigenes Leben im Lauf des vergangenen Jahres verändert hatte, seit meine Ex-Frau

Ilusion mir eröffnet hatte, dass sie die Scheidung wolle. Danach war meine eigene Reise voller Qualen und Unsicherheit gewesen. Auf der Taxifahrt erkannte ich, was für ein Glück ich hatte, jemandem wie Mike helfen zu können. Mir wurde klar, dass ich aus dieser dunklen Zeit stärker und klüger hervorgegangen war, dass ich nun dankbarer für die Glücksmomente des Lebens war und mehr denn je ein starker Rudelführer sein wollte.

Ich war schon angeschlagen, als ich im März 2010 von Ilusions Scheidungswunsch erfuhr. Mein geliebter Pitbull Daddy war erst einen Monat zuvor gestorben, und sein Tod hatte mich tief erschüttert. Im März war ich im Rahmen einer Europatournee, auf der ich Auftritte vor mehr als 7000 Leuten haben sollte, in Irland. Am Morgen meines Auftritts in Dublin rief meine Frau mich aus Los Angeles an und sagte, dass sie sich scheiden lassen wolle. Ich hatte gedacht, es liefe alles wunderbar. Ich ahnte nicht, was noch auf mich zukommen sollte. Mein Leben sollte sich grundlegend verändern, und ich, Rudelführer für Millionen von Hundebesitzern auf der ganzen Welt, konnte seine Richtung weder steuern noch ändern. Es war furchterregend.

Im Lauf der Jahre hatten Ilusion und ich versucht, unsere unterschiedlichen Persönlichkeiten mit den Anforderungen einer Ehe, einer Fernsehsendung und zweier Kinder in Einklang zu bringen. Das war nicht leicht. Wir hatten uns mehrmals getrennt und waren wieder zusammengekommen. Nach 20 gemeinsamen Jahren und in Anbetracht der Zeit, die noch vor uns lag, kam das Ende unerwartet. Ich war nicht bereit.

Die Scheidung zwang mich zum ersten Mal, die Dinge so zu sehen, wie sie waren. Als ich meine Geschäftsentscheidungen der letzten Jahre unter die Lupe nahm, musste ich erkennen, dass viele schlecht getroffen waren. Ich hatte meine Rechte und meinen Namen aufgegeben. Bestimmte Verträge hätte ich nie unterzeichnen dürfen. Meine Partner sagten das eine, doch in den Verträgen stand etwas ganz anderes. Mir wurde klar, dass mir nicht einmal die Bezeichnung „Hundeflüsterer" gehörte.

Alles in allem besaß ich nur meine Kleidung, mein Auto und das Dog Psychology Center. Alles andere – auch die Sendung und das Haus, in dem ich gelebt und eine Familie gegründet hatte – gehörte anderen. Als mein Manager meine Finanzen prüfte, teilte er mir mit, dass ich pleite sei, und das nach sieben Jahren im Fernsehen. Ich wusste nicht, warum.

Wütend zog ich mich ins DPC zurück, wo ich mich von allen Menschen abschottete. Ich wollte nichts mehr mit ihnen zu tun haben. Voll negativer Energie brütete ich vor mich hin und saß stundenlang bei meinem Rudel. Schließlich wirkten sich mein Stress und meine Traurigkeit auf die Hunde aus. Das Rudel schrumpfte von 20 Hunden auf gerade noch eine Handvoll. Instinktiv spürten die Tiere, dass ihr Anführer labil war, und einige von ihnen wandten sich von mir ab. Ich war am Boden zerstört, weil ich weder mir selbst noch meinem Rudel helfen konnte.

Ich hatte Hunde unter Stress schon so reagieren sehen. Wenn ein Hund aus dem Gleichgewicht gerät, gelangt er schnell in einen negativen oder panikartigen Zustand. Er will nicht mit anderen Hunden oder Menschen zusammensein. Isolation ist eine greifbare Reaktion auf eine instabile Umgebung, die an der Wurzel von fast jedem Verhaltensproblem liegt: Beißen, Kauen, Buddeln, übermäßiges Bellen, Revierverhalten und Aggression. Bei Hunden sind diese Probleme schnell in den Griff zu bekommen. Bei mir fand ich es dagegen wesentlich schwieriger.

Ich verspürte eine tierische Wut: Ich wollte Dinge zerstören, ich wollte mein Geschäft zerstören, ich wollte mir selbst wehtun und den Menschen in meiner Umgebung. Noch nie war ich emotional so am Boden zerstört gewesen. Ein Gefühl des Versagens überwältigte mich, und ich verlor jedes Vertrauen in mich.

Kaum jemand wusste, was in mir vorging, außer meinem Bruder Erick und meinem Manager. Ich verbarg es vor meinen Söhnen, meinen Geschäftspartnern und sogar vor meinen Eltern. Ich fragte mich, ob mein Leben noch einen Sinn hatte.

Der Tiefpunkt kam im Mai 2010, als ich aufhörte zu essen. Ich erlebte schockiert, wie mein Gewicht in nur 40 Tagen von 80 auf 61 Kilo fiel. Ich hörte auf zu arbeiten und schlief selten mehr als vier Stunden pro Nacht. Damals lebten Ilusion und ich bereits getrennt, wir waren aber noch nicht geschieden. Eines Tages besuchte ich sie, um unsere Ehe zu retten. Doch unser Gespräch lief nicht gut, und hinterher wusste ich, dass es endgültig aus war.

Ich dachte, damit sei auch mein Leben vorbei, also tat ich etwas Dummes: Ich versuchte, mir mit Tabletten das Leben zu nehmen. Ich weiß nicht mehr, was ich nahm oder wie viel. Ich erinnere mich nur an das Gefühl, unbedingt woanders sein zu wollen als dort, wo ich war. Das Nächste, woran ich mich erinnere, war die Fahrt ins Krankenhaus. Ich verlangte vom Fahrer des Rettungswagens, dass er mich zur Farm meines Großvaters in Mexiko brachte. Ich wollte nur noch weg.

Am nächsten Tag wurde ich zur Beobachtung in ein psychiatrisches Krankenhaus eingeliefert. Drei Tage später entließ man mich, und wie Mike war ich entschlossen, mein Gleichgewicht wieder herzustellen und ein neues Lebensziel zu finden. Das ging aber erst, nachdem ich meine eigenen Grundlagen und die Erfüllungsformel wieder für mich annahm.

Ich konnte die Richtung nicht ändern, die mein Leben eingeschlagen hatte. Ich musste sie akzeptieren. Danach sah alles

Die Glücksformel für den Hund

Der Anblick der vielen Menschen auf dem National Pack Walk 2012 erinnert mich daran, wie großartig es ist, ein Rudelführer zu sein.

gleich viel positiver aus. Die Energie kam zurück. Ich aß und schlief wieder. Langsam ging es für mich weiter, zum Teil auch dank der Menschen um mich herum und der Hunde, die noch im DPC waren. Regelmäßige Bewegung gehörte wieder zu meinem Leben. Ich stellte Regeln und Grenzen für mich selbst auf. Und ich zeigte den Freunden, Familienmitgliedern und Hunden, die mich motivierten, mich wieder aufzuraffen, meine Zuneigung.

Oft werde ich gefragt, wieso ich so schnelle Ergebnisse bei den Hunden erziele. Die Antwort ist einfach: Hunde leben im Augenblick. Sie lassen sich nicht von Fehlern der Vergangenheit oder von Zukunftsängsten auffressen. Als ich begann, nicht mehr zurückzuschauen und mich nicht mehr vor der Zukunft zu fürchten, lernte ich wieder das Hier und Jetzt zu schätzen.

Inzwischen habe ich mein Rudel wieder aufgestockt, die Dreharbeiten zu einer neuen Fernsehsendung namens *Leader of the Pack* sind abgeschlossen, mein Sohn Calvin lebt bei mir und startet gerade eine eigene Fernsehkarriere – und ich habe eine wunderbare Freundin namens Jahira, der ich wichtig bin und der das Rudel am Herzen liegt, als wäre es ihr eigenes.

Ich habe mein Leben umgekrempelt, dank der vielen Erfahrungen, die ich in den letzten 22 Jahren meines Lebens mit Hunden machen durfte. Ohne die Lektionen, die sie mir erteilt haben, und die Weisheit, die ich durch sie erlangt habe, wäre ich nicht in der Lage gewesen, noch einmal von vorn anzufangen.

Mir ist klargeworden, dass man sich nicht darauf ausruhen kann, Rudelführer zu sein. Ein Anführer muss sich immer weiterentwickeln, lernen und sich den Herausforderungen des Lebens stellen. Er hat keine Angst davor oder schämt sich dafür, sich auf sein Rudel zu stützen und den anderen Mitgliedern zu erlauben, das Gleichgewicht zu erhalten. Wie groß auch das Hindernis sein mag, man darf nicht in eine Sackgasse geraten.

Dank dieser Herausforderungen konnte ich Stärke in mir selbst finden und meine dunkelsten Zeiten überstehen. Und immer, wenn ich erschöpft bin oder mich frage, ob ich auf dem richtigen Weg bin, denke ich an diesen Moment in Toronto zurück. Ich denke an Mike und die Formel, die vielleicht ein wenig dazu beitragen konnte, ihm das Leben zu retten. Mike gab auch mir Stärke in meinen dunkelsten Momenten und erinnerte mich an die unglaublichen Dinge, die Menschen – und ihre Hunde – mit der richtigen Formel erreichen können. Wo du auch bist, Mike ... alles Gute.

Adressen

Dachverbände für das Hundewesen

Fédération Cynologique Internationale (FCI)
www.fci.be

Verband für das Deutsche Hundewesen e. V. (VDH)
www.vdh.de

Österreichischer Kynologenverband (ÖKV)
www.oekv.at

Schweizerische Kynologische Gesellschaft (SKG/SCS)
www.skg.ch

Tierschutz

Deutscher Tierschutzbund e. V.
www.tierschutzbund.de

Österreichischer Tierschutzverein
www.tierschutzverein.at

Schweizer Tierschutz (STS)
www.tierschutz.com

Tierärzte

Bundestierärztekammer e. V.
www.bundestieraerztekammer.de

BPT – Bundesverband praktizierender Tierärzte e. V.
www.smile-tierliebe.de

Forschungskreis Heimtiere in der Gesellschaft
www.mensch-heimtier.de

Registrierung von Hunden

Deutsches Haustierregister
www.deutsches-haustierregister.de

TASSO e. V.
Abt. Haustierzentralregister
www.tasso.net

Internationale Zentrale
Tierregistrierung (IFTA)
www.tierregistrierung.de

Hundesport
Deutscher Hundesportverband
www.dhv-hundesport.de

Hundetrainer
Berufsverband der Hundeerzieher
und Verhaltensberater e. V. (BHV)
www.hundeschule.de

WEITERE ADRESSEN
IM INTERNET

Cesars Homepage
www.cesarsway.com

Antworten auf Fragen zur
Haltung von Hunden finden
Sie beim Zentralverband
Zoologischer Fachbetriebe
Deutschlands
www.zzf.de

Infos rund um den Hund,
Diskussionsforum
www.hunde.com

Infos zu Erziehung, Ausbildung,
Sport und Züchteradressen
www.hundeadressen.de

Alles Wissenswerte über Rasse-
hunde mit wichtigen Adressen
www.hundewelt.de

Viele Ideen rund um Spiele und
Beschäftigung mit dem Hund
www.spass-mit-hund.de

Hundemagazin mit Themen
rund um den Hund
www.dogs-magazin.de

Adressen von Hotels, Ferien-
häusern und Ferienwohnungen
für den Urlaub mit Hund
www.ferien-mit-Hund.de

Bildnachweis

FOTOS: 1, Gelpi/Shutterstock; 2-3, Michael Reuter; 11, Doug Shultz; 13, National Geographic Channels; 18, HelleM/Shutterstock; 21, Ji Sook Lee; 27, Todd Henderson/MPH-Emery/Sumner Joint Venture; 28, Viorel Sima/Shutterstock; 32, cynoclub/Shutterstock; 35, Viorel Sima/Shutterstock; 40, Michael Reuter; 44, Sainthorant Daniel/Shutterstock; 48, Robert Clark/National Geographic Stock, Wolf und Malteser wurden von Doug Seus's Wasatch Rocky Mountain Wildlife, Utah, zur Verfügung gestellt; 50, Kiselev Andrey Valerevich/Shutterstock; 63, Burry van den Brink/Shutterstock; 68, Bob Aniello; 71, National Geographic Channels; 72, Anke van Wyk/Shutterstock; 76, Stockbyte/Getty Images; 84, WilleeCole/Shutterstock; 86, George Gomez; 89, PK-Photos/iStockphoto; 90, cynoclub/Shutterstock; 92, Goldution/Shutterstock; 94, Warren Goldswain/Shutterstock; 101, dageldog/iStockphoto; 105, Damien Richard/Shutterstock; 114, dageldog/iStockphoto; 120, Michael Pettigrew/Shutterstock; 124, Erik Lam/Shutterstock; 131, SuperflyImages/iStockphoto; 134, Larisa Lofitskaya/Shutterstock; 138, Eric Isselée/Shutterstock; 145, Cheri Lucas; 149, Erik Lam/Shutterstock; 153, Cheri Lucas; 156, Susan Schmitz/Shutterstock; 163, Cheri Lucas; 169, Josh Heeren; 172, Rob Waymouth; 177, Willee Cole/Shutterstock; 181, Michael Reuter; 182, Lobke Peers/Shutterstock; 185, Frank Bruynbroek; 190, Frank Bruynbroek; 196, Angus Alexander; 198, MPH-Emery/Sumner Joint Venture; 204, George Gomez.

ILLUSTRATIONEN: Fernando Jose Vasconcelos Soares/Shutterstock; vanya/Shutterstock; veselingajin/Shutterstock; ntnt/Shutterstock; ylq/Shutterstock; Boguslaw Mazur/Shutterstock; ananas/Shutterstock; Leremy/Shutterstock; k_sasiwimol/Shutterstock; Alexander A. Sobolev/Shutterstock; DeCe/Shutterstock; nemlaza/Shutterstock; Thumbelina/Shutterstock.